Ravensburger Taschenbücher
Band 459

Kleine Sammlung zum Untersuchen

Hans Jürgen Press

Der Natur auf der Spur

Über 100 interessante Anregungen zur Beschäftigung mit Tieren und Pflanzen

Otto Maier Verlag Ravensburg

»Der Natur auf der Spur« wurde als Serie im STERNCHEN, der Kinderbeilage der Illustrierten STERN veröffentlicht.

Auswahl aus der großen Ausgabe »Der Natur auf der Spur« mit 234 Anregungen.

Erstmals 1978 in den Ravensburger Taschenbüchern

überarbeitete Ausgabe

Umschlagkonzeption und Umschlaggestaltung
von Kirsch und Korn, Tettnang,
unter Verwendung von Zeichnungen von Hans Jürgen Press

Gesamtherstellung: G. J. Manz AG, Dillingen
Printed in Germany

5 4 82 81

ISBN 3-473-39459-9

Inhalt

Herbst

Winter

Garten und Hecke

Bach, Teich und See

Wald und Heide

Meeresstrand

Signale im Wald 1

Ein laut schnarrendes »arrr« läßt uns im Frühlingswald zusammenschrecken. Ein Specht trommelt: durch sehr rasch aufeinanderfolgende Schnabelhiebe versetzt er einen dürren Ast in Schwingungen. Je lauter das Signal, desto mehr imponiert er seinem Weibchen und desto weiter dehnt er sein Revier aus. Für seine Artgenossen bedeutet das Trommeln nämlich, daß dieses Revier bereits besetzt ist und sie darin nichts zu suchen haben. Genau das gleiche bezweckt der Buchfink mit seinem Gesang. Er grenzt sein Revier ab, um in ihm später genügend Nahrung für die Aufzucht der Jungen zu finden.

2 Sprache der Amseln

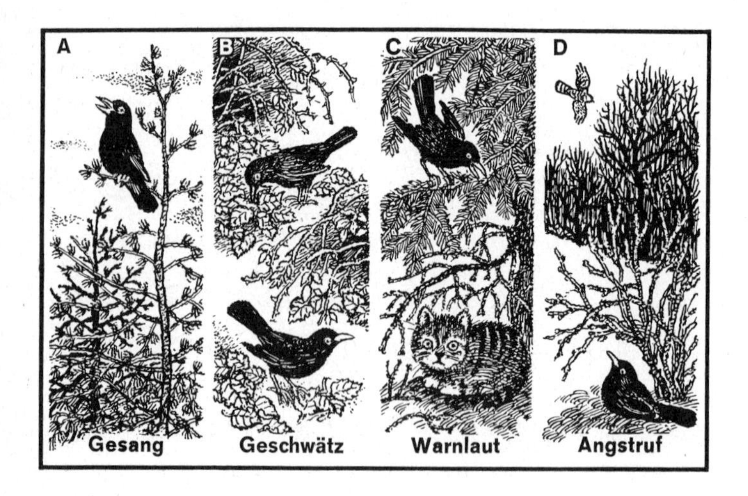

Die unterschiedlichen Laute der Amseln verraten beispielhaft, was sich Vögel mitzuteilen haben. Mit einem melodischen Flöten in 150 verschiedenen Strophen wirbt das Männchen um das Weibchen und grenzt gleichzeitig das Brutrevier ab (A). Durch das behagliche »duck-duck« halten die Vögel Kontakt miteinander (B). »Tschink-tschink-tschink« und später ein scharfes »gick-gick« sind Warnrufe (C). Ein lautes, durchdringendes »tsih« bedeutet für alle Vögel »Alarm« (D). Die Amsel hat dann meist einen anfliegenden Greifvogel, etwa den Sperber, erkannt und sitzt völlig regungslos in Deckung.

Warnsysteme der Tiere 3

Mit ganz unterschiedlichen Warn- und Schrecklauten melden die Tiere einander, daß ein Räuber in der Nähe ist, etwa eine Katze, ein Fuchs, Marder oder Iltis. Meist empfangen ihn die Meisen mit ihrem Gezeter zuerst (1). Die Grünfinken kommen hinzu und rufen eindringlich »üiii-üiii« (2), die Amseln warnen mit »gick-gick-gick« (3). Hat der Eichelhäher die Gefahr erkannt, läßt er sein weit hörbares »rätsch« vernehmen (4). Das Kaninchen trommelt mit den Hinterläufen auf den Boden, worauf seine Jungen in die Röhren flüchten (5). Das Reh schreckt mit einem heiseren, durchdringenden Bellen (6).

4 Lockruf in der Nacht

Hauptsächlich in seiner Balzzeit im Februar läßt der Waldkauz sein unheimliches, klagendes »hu-hu-hu« durch die Nacht ertönen. Diesen Ruf kann man täuschend ähnlich nachahmen: Man legt beide Hände so zusammen, daß die Daumen parallel liegen und die Handflächen einen ringsum abgeschlossenen Hohlraum bilden. Nun setzt man die Lippen auf die Daumengelenke (punktierte Linie) und bläst leicht durch den schmalen Spalt (Pfeil). Vielleicht antwortet der Kauz und kommt herbeigeflogen. Im Taschenlampenlicht, vor dem der Vogel wenig Scheu zeigt, läßt er sich betrachten.

Quakender Terrariumbewohner 5

Der Laubfrosch steht unter Naturschutz. Einzelne Tiere darf man im Terrarium halten.

Wer das Glück hat, einen Laubfrosch trotz seiner saftiggrünen Farbe im Gebüsch zu entdecken, sollte ihm seine Freiheit lassen. Laubfrösche sind bei uns selten geworden; will man ein Tier halten (es kann über 20 Jahre alt werden!), sollte man es in einem Zooladen kaufen. In einem feuchten Terrarium mit Moos, saftigen Blattpflanzen, Kletterästen und einem Badenapf sieht man, wie der Frosch im Sprung Insekten fängt, sie mit seinen Händen ins Maul stopft, mit den saugnäpfchenartigen Zehen klettert und seine Farbe der Umgebung anpaßt. Zur Abdekkung Gaze aus Plastik verwenden!

6 Eidechsenhöhle im Garten

Alle Eidechsen-Arten stehen unter Naturschutz.
Einzelne Zauneidechsen darf man jedoch zur eigenen Haltung fangen.

Von den Sauriern der Vorzeit stammen die Zauneidechsen ab, die an Feldrändern und Hecken durch das Gras huschen. In Ortschaften leben sie oft auf verwilderten Grundstücken. Bevor sie hier unter die Baggerschaufeln geraten, sollte man sie fangen und umquartieren. In einem Steingarten bleiben sie mitunter jahrelang. Man baut ihnen aus Steinplatten eine frostsichere Höhle mit engen Spalten, in die sie sich – sicher vor Wiesel, Maulwurf und Spitzmaus – verkriechen können. Vor die Höhle streut man möglichst Sand aus einem Terrarium, der bereits Duftstoffe von Eidechsen enthält.

Abwechslungsreiche Nahrung 7

Eine Zauneidechse gewöhnt sich schnell daran, Mehlwürmer aus der Hand zu fressen, weil sie diese besonders gern mag. Außerdem braucht sie als Normalkost grüne Raupen, Fliegen, Schnaken, Schmetterlinge, Käfer und Spinnen. Blitzschnell jagt die Eidechse allem krabbelnden und fliegenden Getier nach. Sie frißt aber auch Schmetterlingspuppen, die sie allerdings zuerst mit der Zunge prüft. Ab und zu nascht sie gern etwas Honig. Ihren Durst stillt sie mit Wassertropfen von den Blättern; im Terrarium ist deshalb ein täglicher »Regen« von einer halben Tasse Wasser willkommen.

8 Tierwelt im Terrarium

Ein Kasten-Terrarium zur Beobachtung von Kriechtieren und Lurchen läßt sich aus Brettern und Leisten fertigen. (Günstiges Maß: 75 × 50 × 40) Die Ecken werden mit Dreikantleisten verstärkt und der untere Teil mit Klebefolie ausgekleidet. Man verglast drei Seiten, dichtet eine Schmalseite und den Deckel mit Gaze ab. Für Frösche nimmt man Plastikgaze, da sie sich an Drahtgaze die Nase verletzen. Die Ausstattung des Terrariums richtet sich nach den Tieren, die man halten will. Für Eidechsen baut man aus Blumentopfscherben, Steinplatten und Borke eine Höhle und stellt eine oder zwei Pflanzschalen mit Blumenerde und Blattpflanzen dazu. Aus Kies wird ein Hügel geformt, seine Oberfläche mit Kieseln, Steinen und knorrigem Holz gestaltet. In den Boden setzt man einen Napf mit Wasser, seine Ränder tarnt man mit Moos. Froschlurche brauchen ein großes Wasserbecken mit Sumpfpflanzen. Ein morscher Baumstumpf, der ins Wasser ragt, sorgt für genügend Luftfeuchtigkeit. Für ein rundes Freiterrarium besorgt man 65 cm breites Hart-PVC, gräbt es 15 cm tief ein, befestigt es mit Pfählen und glättet die Nahtstellen mit Klebefilm. Außen kann man Erde anwerfen und Stauden setzen. Ein Terrarium darf nur Halbschatten haben, damit sich jedes Tier vor allzu starker Sonne schützen kann.

9 Entwicklung eines Pfauenauges

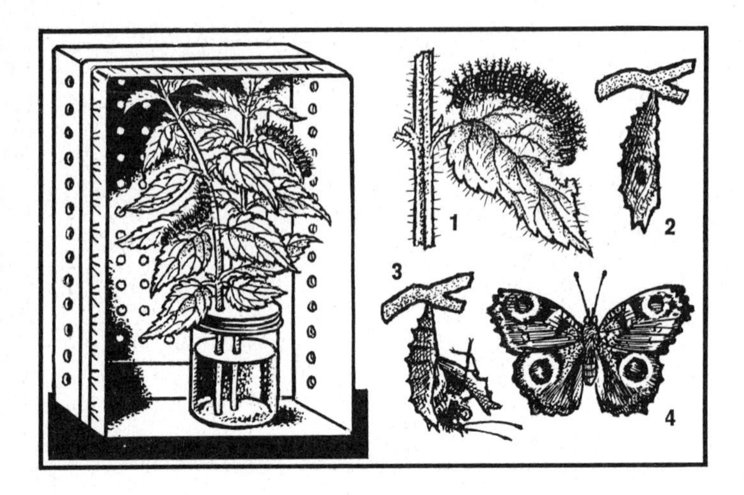

Will man miterleben, wie sich eine Raupe in einen Schmetterling verwandelt, holt man in der zweiten Junihälfte eine oder zwei der schwarzen Raupen des Tagpfauenauges, die oft in großer Zahl auf ihren Futterpflanzen, den Brennesseln, sitzen. Man gibt sie in einen durchlöcherten, vorn mit Plastikfolie abgedichteten Karton und füttert sie täglich mit frischen Brennesseln. Anfang Juli heftet sich die Raupe fest und verpuppt sich. Nach etwa zwei Wochen schimmern die bunten Flügelflecken durch die Puppenhülle. Diese reißt am folgenden Tag auf, und der Schmetterling kriecht heraus.

Weg eines Insekts 10

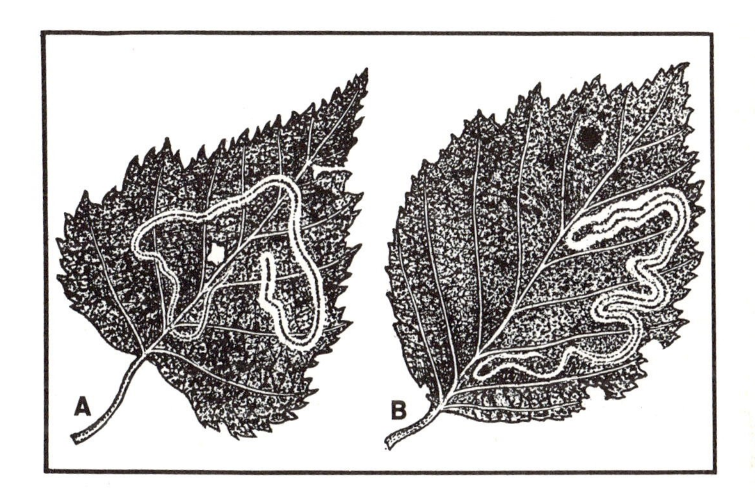

Laubblätter zeigen oft lichtdurchlässige, geschlängelte Gänge, sogenannte Gangminen. Sie stammen von den Larven kleiner Insekten, die die blattgrünhaltigen inneren Zellen herausgefressen, die obere und untere Außenhaut des Blattes aber verschont haben. Eine dunkle Linie in der Mine hinterläßt die Larve einer Miniermotte (A), zwei dunkle Streifen hingegen die Larve einer Minierfliege (B). Am dünnen Anfang einer Mine ist die Larve aus einem Ei geschlüpft. Am breiten Ende des Ganges findet man häufig noch die inzwischen gewachsene Larve oder bereits die Puppe des Insekts.

11 Wurmstichiger Apfel

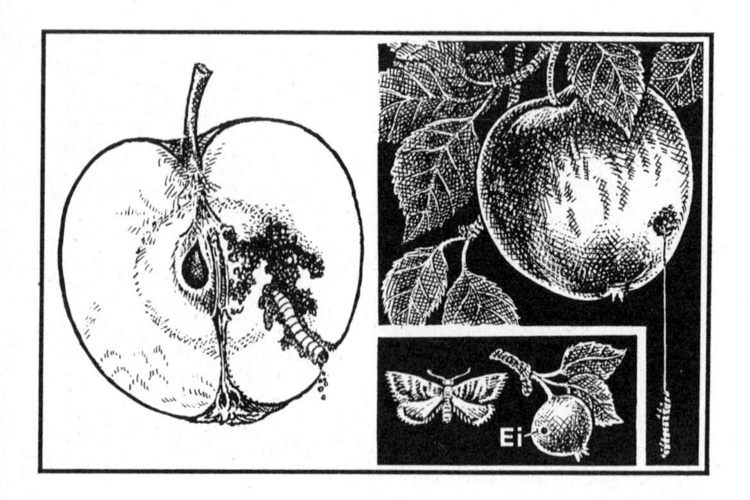

Wie kommt eigentlich der »Wurm« in einen Apfel? Genaugenommen ist er die Raupe des Apfelwicklers, eines kleinen unscheinbaren Nachtschmetterlings. Dieser legt im Frühsommer jeweils ein Ei auf einen jungen Apfel. Die geschlüpfte Larve frißt sich durch das Fruchtfleisch und verzehrt die Kerne. Bevor der Apfel ausgereift ist, nagt sie sich einen neuen Weg von innen nach außen und seilt sich schließlich an einem Faden, den sie aus einer Spinndrüse ausscheidet, vom Baum ab. Hinter den Schuppen der Baumrinde sucht sie sich einen Schlupfwinkel für den Winter.

Verirrte Schmetterlinge 12

Warum kommen Nachtschmetterlinge an die Laternen geflogen? Sie werden vom Licht nicht angelockt, sondern irregeführt. Beim Flug durch die dunkle Nacht orientieren sich die Nachtschmetterlinge nach dem Mond. Sie wissen, daß sie geradeaus fliegen, solange das Mondlicht von derselben Seite in ihre Augen fällt. Kommen sie aber an einer erleuchteten Laterne vorbei, verwechseln sie diese mit dem Mond. Um nun weiter das Laternenlicht von derselben Seite im Auge zu behalten, weichen sie von ihrem geraden Kurs ab und nähern sich in einer Spirale der Lichtquelle.

13 Tarnung und Warnung

Manche Schmetterlinge entwickelten eine besonders raffinierte Flügelzeichnung, um ihre Feinde abzuschrecken. Das Tagpfauenauge, das in Ruhestellung durch die unscheinbare Färbung seiner Flügelunterseiten getarnt ist, öffnet bei Gefahr seine Flügel. Vögel, die den Falter meist von vorn erhaschen wollen, sehen plötzlich in ein Eulengesicht (A). Das Abendpfauenauge sieht in Ruhestellung dem Gesicht einer schlafenden Katze ähnlich. Wird der Schmetterling erschreckt, bewegt er ruckartig die Vorderflügel nach vorn, und scheinbar öffnen sich zwei furchterregende Augen (B).

Lockspeise für Schmetterlinge 14

Der süßlich duftende Saft, der aus dem verletzten Stamm einer Birke quillt, lockt neben schillernden Käfern viele Schmetterlinge an, zum Beispiel das Tagpfauenauge, den Admiral und vielleicht auch einmal den selten gewordenen Trauermantel. Die Insekten naschen von dem gärenden Saft, der sie wie betrunken macht. Eine selbst angesetzte Mixtur aus Malzbier, Sirup, Apfelmus und etwas Rum lockt besonders Nachtschmetterlinge an. Man tränkt damit eine Papierserviette und drückt diese in einen Joghurtbecher, den man zu einer Blüte umgestaltet und auf einen Stab gesteckt hat.

15 Grillen als Wächter

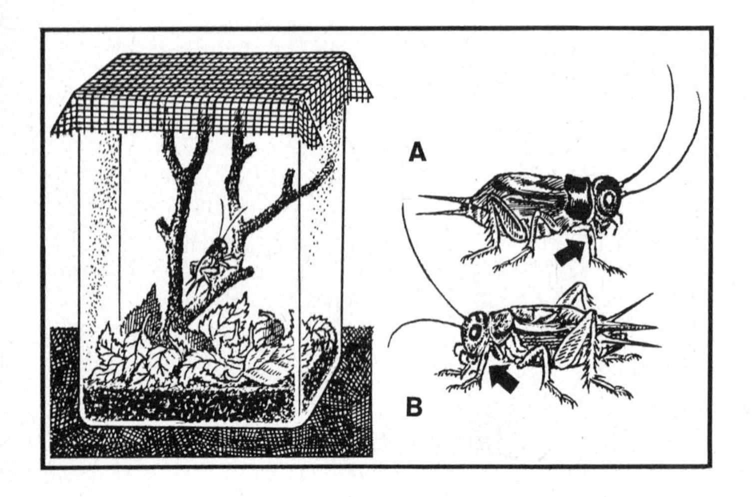

An Sommerabenden lassen die Grillen ihr feines »tschirr-tschirr« ertönen: die Feldgrille mit glänzendschwarzem Kopf (A) und das Heimchen, die braun-gelbe Hausgrille (B). Man kann eines dieser Tiere im Taschenlampenlicht fangen, in eine Plastikdose mit etwas Sand und Laub setzen und mit Haferflocken, Obst und Insekten füttern. Es zirpt, indem es die Flügel aneinanderreibt. In China werden Grillen von alters her als Wachtiere in Käfigen gehalten. Mit ihren Hörorganen in den Vorderbeinen (Pfeile) können sie leise Geräusche wahrnehmen und unterbrechen dann ihr nächtliches Zirpen.

Hochzeitsmusik im Insektarium 16

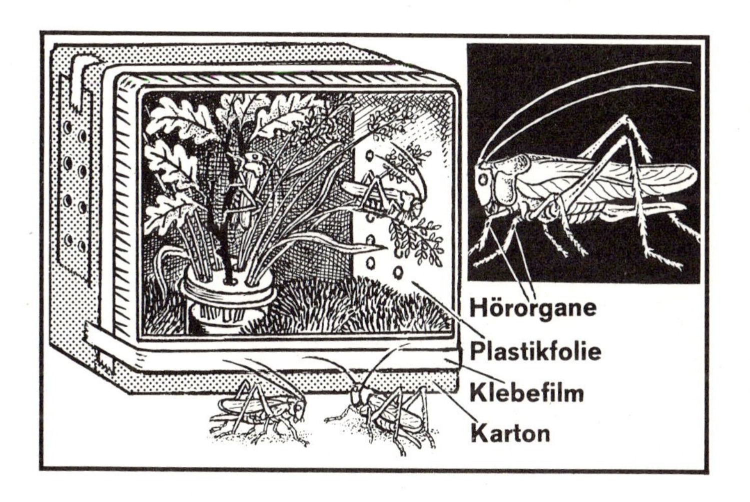

In einem Insektarium mit frischem Laub erfreuen uns für einige Tage die Männchen der Laubheuschrecken mit ihrem Zirpen. Sie wetzen dabei ihre Deckflügel aneinander. Die Weibchen, die man an ihrer Legeröhre erkennt, vernehmen die Hochzeitsmusik kilometerweit mit Hörorganen in ihren Vorderbeinen. Sie bestimmen, woher das Zirpen kommt, indem sie die Beine zur Geräuschquelle hin ausrichten. Angelockt von dem Zirpen fliegen sie zu den Männchen und versammeln sich so auch im Garten vor dem Insektarium. Gefüttert wird mit Salat, Obst und Weißbrotstückchen.

17 Wiederbelebung einer Fliege

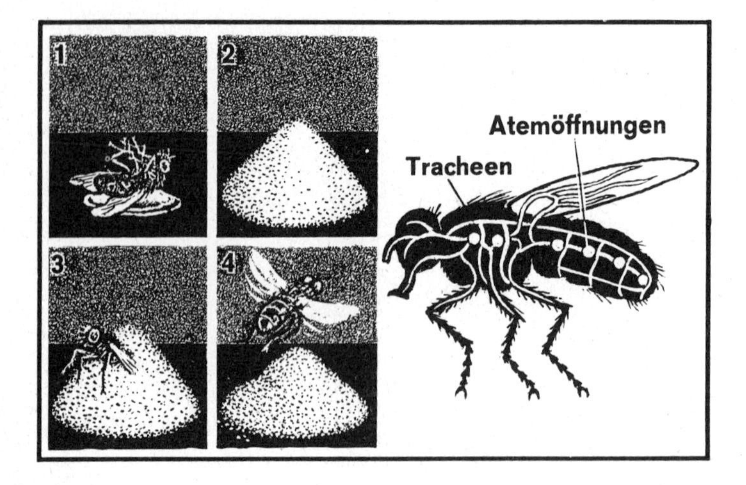

Eine Stubenfliege, die ins Wasser gefallen ist, erscheint nach einigen Minuten vollkommen leblos. Sie läßt sich jedoch meist wiederbeleben: Man nimmt die Fliege aus dem Wasser und häuft etwas trockenes Kochsalz über sie. Nach ca. 20 Minuten krabbelt sie aus dem Salz und schwirrt davon. Wie erklärt sich das? In die Tracheen, die feinen Atemröhrchen im Körper, in den Flügeln und Beinen der Fliege dringt Wasser ein, und da ihre Organe keinen Sauerstoff mehr bekommen, wird sie betäubt. Da Salzkristalle Feuchtigkeit aufnehmen, ziehen sie das Wasser wieder aus den Tracheen heraus.

Fliegende Wetteranzeiger 18

Insekten können Luftdruckveränderungen wie ein Barometer wahrnehmen. Mücken, Fliegen und Käfer, geflügelte Blattläuse und Ameisen steigen daher nur bei guten Wetteraussichten in die Lüfte empor und vereinen sich zu Riesenschwärmen. Ihnen jagen die Schwalben nach und sagen uns somit das Wetter voraus. Die Insekten geraten mitunter in Aufwinde oder werden über das Meer abgetrieben. So kommt es, daß man manchmal am Strand Millionen von Marienkäfern angespült findet. Viele der nützlichen Käfer rettet man, indem man sie mit Leitungswasser abspült und mit Zucker füttert.

19 Explodierende Früchte

»Rühr-mich-nicht-an« nennt man auch das Springkraut, das mit seinen gelben trompetenähnlichen Blüten am Waldrand und in schattigem Gebüsch zu finden ist. Man ist überrascht, wenn man seine wie winzige Gurken aussehenden Schoten anfaßt. Plötzlich »explodieren« die Schoten: wie Uhrfedern rollen sich ihre fünf Klappen blitzartig zusammen und schleudern die schweren Samenkörner in hohem Bogen fort. Bei der reifen Schote haben sich ihre 5 Längsnähte gelockert; die zwischen der äußeren und inneren Schicht der Schotenklappen herrschende Spannung kann sich entladen.

Veilchen an Ameisenstraßen 20

Streut man Veilchensamen auf einer Ameisenstraße aus, werden sie von den Ameisen begierig aufgelesen und mitgeschleppt. Entfernt man aber vorher die kleinen, fleischigen Anhängsel der Samen, so bleiben sie unbeachtet. Tatsächlich sammeln die Ameisen die aus den geplatzten Fruchtkapseln des Veilchens gefallenen Samen allein wegen dieses süßschmeckenden Teils. Sie knabbern ihn meist auf dem Weg zum Nest ab und lassen die eigentlichen Samen liegen. Die Körnchen keimen aus, und so kommt es, daß Veilchen besonders häufig da wachsen, wo Ameisen ihrer Wege ziehen.

21 Fliegende Spinnen

Feine, glitzernde Spinnfäden schweben im September durch die Lüfte, man nennt sie Altweibersommer. Mit einer Lupe läßt sich erkennen, daß am Ende eines jeden Fadens ein kleines Tierchen hängt. Es sind junge Spinnen verschiedenster Art, die auf der Suche nach einem Winterquartier auf Wanderschaft sind. Sie klettern an Pflanzen, Zäunen oder Mauern empor und schießen feine Fäden aus ihren Spinndrüsen am Hinterleib. Der Wind erfaßt die Fäden und trägt sie mitsamt Tierchen davon, manchmal nur bis zur nächsten Pflanze, oft aber auch über weite Gebiete hinweg.

Gallen auf Eichenblättern 22

Auf Eichenblättern findet man kugelige Gebilde, es sind Galläpfel, die Brutkammern einer Gallwespenart. Sie legt ihre Eier ins Blattgewebe und dieses wuchert – durch Reizstoffe angeregt – kugelig um jedes Ei herum. Schneidet man eine grüne Galle auf, findet man in ihr eine kleine weiße Larve (A). Diese ernährt sich von dem saftigen Innengewebe und verpuppt sich im Herbst. Bewahrt man eine inzwischen verholzte Galle in einem Glas draußen regengeschützt auf, kann man im Winter das Ausschlüpfen einer schwarzglänzenden Gallwespe beobachten. Achte auch auf andere Gallenarten. (Bild)

23 Pilzsammlung der Eichhörnchen

Wer im Herbst aufmerksam durch den Wald geht, kann mitunter eine seltsame Entdeckung machen: Auf den Ästen der Bäume und in Rindenritzen eingeklemmt liegen allerlei Pilze, als hätte sie jemand in der Herbstsonne zum Trocknen ausgebreitet. Tatsächlich legt sich das Eichhörnchen einen Pilzvorrat für die kalte Jahreszeit an. Es sammelt beispielsweise Butterpilze, Birkenpilze, Hallimasch und Pfifferlinge. Da manche giftigen Pilze einen ähnlich nußartigen Geschmack wie die eßbaren Pilze haben, ist es ein Rätsel, wie das Eichhörnchen die Arten unterscheiden kann.

Sporenbild 24

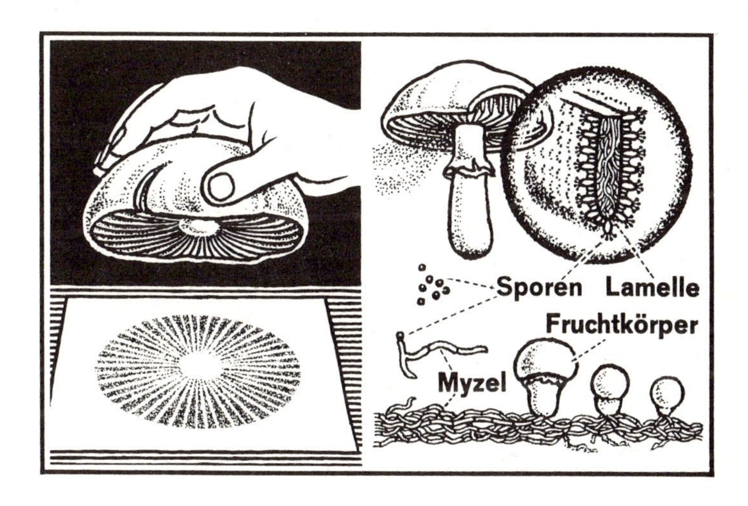

Legt man den Hut eines älteren Lamellen- oder Röhrenpilzes an einem warmen, trockenen Platz auf ein Stück Papier, zeigt sich auf ihm tags darauf ein aus einem feinen Staub geformtes Sporenbild. Es besteht aus Millionen von mikroskopisch kleinen, einzelligen Sporen, die von den Lamellen bzw. aus den Röhren gefallen sind. Der Hut ist der Fruchtkörper des Pilzes, die eigentliche Pilzpflanze ist ein weißes, in der Erde wachsendes Geflecht, das Myzel. Es entwickelt sich aus einer einzigen Spore, die der Wind auf günstigen Boden getragen hat, und bildet nach Jahren neue Fruchtkörper.

25 Pilze in Kreisen

Nicht selten sieht man Pilze im Wald und auf der Wiese in »Hexenringen« stehen. Früher hielt man solche Pilzkreise für Hexentanzplätze. Diese Ringe erklären sich jedoch aus dem besonderen Wachstum des Pilzmyzels in der Erde. Wenn eine Pilzspore auskeimt, wächst das Myzel als spinnwebartiges Geflecht strahlenförmig nach allen Seiten. Im Laufe der Jahre stirbt der ältere Innenteil des Myzels ab, und nur im jüngeren Teil, der als Ring erhalten bleibt und von Jahr zu Jahr weiter nach außen wächst, können sich die Fruchtkörper bilden, die man allgemein Pilze nennt.

Lebensgemeinschaft im Wald 26

Scharrt man unter einer Kiefer, wo Butterpilze stehen, vorsichtig die Erde auf, sieht man, daß das weiße Pilzmyzel die feinen Haarwurzeln der Kiefer mit einem filzigen Gespinst überzogen hat. Baum und Pilz leben zusammen zum gegenseitigen Nutzen. Eine solche Lebensgemeinschaft nennt man Symbiose. Die feinen Zellfäden des Pilzmyzels sind zwischen die äußersten Zellschichten der Kiefernwurzeln gedrungen und leiten ihnen Wasser und Nährsalze zu. Auf demselben Wege gibt umgekehrt der Baum dem Pilz etwas von den Aufbaustoffen ab, die er in den Blättern produziert hat.

27 Rätsel der Zunderschwämme

Am Stamm einer umgestürzten, morschen Buche entdeckt man oft mehrere Zunderschwämme. Warum aber sitzen einige dieser konsolenförmigen Pilze senkrecht, andere waagerecht am Stamm? Erstere sind gewachsen, als der Baum noch stand, letztere nach seinem Fall. Wie alle Röhrenpilze hat der Zunderschwamm seine Röhren, in denen sich die Sporen bilden, an der regengeschützten Unterseite. Er ist ein Schmarotzer: Sein Myzel dringt durch die Rinde in den Baum ein, raubt ihm Nährstoffe, unterbricht langsam seine Saftzufuhr und vermehrt sich weiter in dem abgestorbenen Stamm.

Ursache des Laubfalls 28

An einem im Sommer geknickten Zweig eines Baumes vertrocknen die Blätter. Eigenartigerweise hängen sie aber noch an dem Zweig, wenn der Baum im Herbst längst sein übriges Laub verloren hat. Gewöhnlich wird der Laubfall durch eine dünne Korkschicht ausgelöst, die sich am Blattstielansatz zwischen zwei Zellschichten bildet und gleichzeitig die Saftbahnen schließt. Bei dem geknickten Zweig fehlen diese Korkzellen. Die durch den Blattstielansatz führenden Saftbahnen sind eingetrocknet, nicht aber unterbrochen. Der herbstliche Laubfall ist also Teil des Wachstums.

29 Kreislauf der Nährstoffe

Untersucht man die Laubdecke des Buchenwaldes, kann man drei Schichten deutlich unterscheiden. 1. Obenauf, mit Fraßspuren von Insekten, die im Herbst abgefallenen Blätter. 2. Darunter (ein Jahr älter) teilweise verrottetes Laub, in dem Insektenlarven und -puppen überwintern. 3. Noch tiefer (ein weiteres Jahr älter) eine krümelige Schicht von Blättern, die durch Bakterien und Pilze weitgehend »mineralisiert«, das heißt in ihre Grundstoffe zerlegt sind. Diese werden von den Haarwurzeln der Bäume, die die Schicht durchziehen, als Nährstoffe wieder aufgenommen und zum Aufbau verwendet.

Futterautomat für Körnerfresser 30

In die Bodenkante einer großen Klarsicht-Plastikdose sägt man mit einem Messer mehrere 1,5 cm große Löcher. Als Dach dient ein Blumentopf, als Boden ein mehrfach durchbohrter Plastikdeckel. Der Futterautomat wird auf einen Pfahl geschraubt oder mit Draht aufgehängt. Mit einer einzigen Körnerfüllung versorgt er Meisen und Finken mehrere Tage. Die Vögel sollen, solange Schnee liegt, ununterbrochen gefüttert werden. Für Weichfutterfresser wie Drosseln und Rotkehlchen streut man mit Kokosfett getränkte Haferflocken, getrocknete Wildbeeren und Obstreste aus.

31 Blinksignale der Dompfaffen

Dompfaffen verständigen sich nicht nur durch ihren Gesang, sondern auch durch Blinksignale. Das kann man beobachten, wenn die im Winter gesellig lebenden Vögel mit sanftem »dü« durch dunkle Gärten und Wälder huschen. Ein vorausgeflogener Dompfaff zeigt kurz seinen sonst unter den Flügeln versteckten weißen Bürzelfleck. Dieses Zeichen ist im dunklen Gebüsch weit zu sehen und eine Aufforderung für die anderen Vögel, ihm zu folgen. Tun sie das nicht, signalisiert er weiter. Durch Hin- und Herwippen des Schwanzes blinkt er mit dem weißen Fleck, bis keiner allein zurückbleibt.

Kälteschutz der Wasservögel 32

Es ist verwunderlich, daß Enten wie auch andere Wasservögel es stundenlang im eiskalten Wasser aushalten. Mit ihrem Schnabel pressen sie aus ihrer Bürzeldrüse oberhalb des Schwanzes ein talgartiges Fett aus, verteilen es in ihrem Gefieder und machen es damit wasserabstoßend. (Ein Versuch beweist es: Wassertropfen perlen von einer Feder ab, ohne sie zu benetzen.) Zwischen den flauschigen Daunen unter den wasserabstoßenden Deckfedern ist warme Luft eingeschlossen, die den Vogelkörper gegen Kälte isoliert und ihn gleichzeitig wie eine Schwimmweste auf dem Wasser trägt.

33 Vögel im Wind

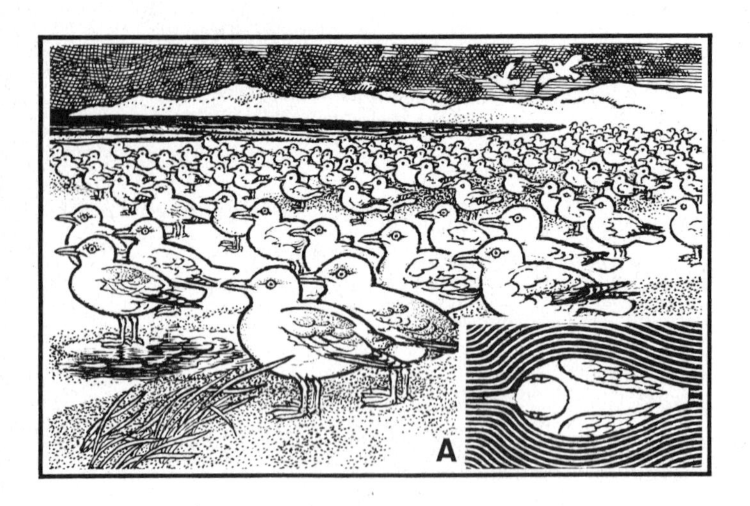

Im scharfen, eisigen Wind, der über das Küstengebiet fegt, sieht man Tausende von Möwen auf dem Eis und am Strand versammelt. Aber seltsamerweise stehen alle Vögel wie auf Kommando mit dem Schnabel genau gegen den Wind gerichtet. Wie erklärt sich dieses Verhalten? Wegen seiner Stromlinienform bietet der Vogelkörper dem von vorn kommenden Wind den geringsten Widerstand (A). Ein scharfer Seiten- oder Rückenwind hingegen könnte die Möwe umwerfen, er würde die Deckfedern wie einen Regenschirm aufklappen und die unter ihnen eingeschlossene Warmluft fortwehen.

Hilfe für Igel 34

Der Igel steht unter Naturschutz.
Vom 1. Oktober bis Ende Februar darf man ihn an sich nehmen.

Manchmal findet man noch zu Beginn des Winters draußen einen Igel, der – vor Kälte klamm – bisher keinen geeigneten Winterschlafplatz gefunden hat. Ebenso kann der Igel bei allzu starkem Frost aus seinem Winterschlaf erwacht sein, um sich einen geschützteren Schlupfwinkel zu suchen. So ein Tier rettet man vor dem Erfrieren, indem man es nach Hause nimmt. Man füttert es ausgiebig mit Hackfleisch, Ei, Obst und Wasser, bis sein Körpergewicht mindestens 700 g beträgt. Dann läßt man es in einer Kiste voll Laub in einem frostfreien Raum (Temperatur zwischen 5° und 12° C) überwintern.

35 Heimliche Höhlenbewohner

Fuchs- oder Dachsbau? Nicht immer beantworten allein die Tierspuren diese Frage. Der Eingang zum Fuchsbau ist meist oval, ihn kennzeichnen auch Knochenreste, Federn und Aasgeruch. Der Dachs hingegen hält seine kreisrunde, oft hinter Brennesseln versteckte »Einfahrt« sauber, sein Erdauswurf ist meist größer. Im Herbst erkennt man Schleifspuren von Gras und Laub, das er zwischen Vorder- und Hinterpranken haltend rückwärts in den Bau geschoben hat. Im Winter sieht man seine Spuren selten, denn dann hält er in seinem Bau Winterruhe und zehrt vom angemästeten Fett.

Kleine Gehörn-Kunde 36

Alljährlich zu Beginn des Winters verlieren die Rehböcke ihr Gehörn. Wer eine Stange findet, sollte sie zum Förster bringen. Er beurteilt an ihr die Gehörnentwicklung des betreffenden Tieres, die von seinem Alter, seiner Veranlagung und Ernährung abhängt. Die Zahl der Enden entspricht also keineswegs der Zahl der Lebensjahre. Etwa im sechsten Jahr ist das Gehörn am stärksten, danach bildet es sich wieder zurück. Im Alter hat der Bock nur noch lange, dolchartige Stangen ohne Vorder- und Hintersprossen. Da so ein »Spießer« sehr rauflustig ist, wird er für seine Artgenossen lebensgefährlich.

37 Hase oder Kaninchen

Obwohl sich ein Hase durch seinen größeren Körper, seine längeren Löffel und überlangen Hinterläufe leicht von einem Kaninchen unterscheiden läßt, ist es nicht immer klar, welches der beiden Tiere gerade vor einem davonhoppelt. Es gibt aber ein untrügliches Erkennungszeichen dafür: Beim laufenden Kaninchen wippt der Schwanz, die Blume, in einem fort auf und ab und blinkt weit sichtbar mit der weißen Unterseite. Der Hase hingegen hält seinen Schwanz auf der Flucht ruhig. Er drückt ihn abwärts, wohl aus instinktiver Furcht, daß die weiße Unterseite ihn verraten könnte.

Rauhreif am Kaninchenbau 38

Das Kaninchen schläft tagsüber in seinem Bau, den es sich in einen sonnigen Hang gegraben hat. Bei Frost läßt sich erkennen, ob ein Kaninchenbau bewohnt ist. Am Eingang der Höhle und an den Pflanzen unmittelbar davor zeigt sich dann leichter Rauhreif. Er rührt von der in der warmen Atemluft des Tieres enthaltenen Feuchtigkeit her, die sich beim Zusammentreffen mit der Kaltluft niederschlägt und gefriert. Im Garten und auf dem Feld findet man häufig kleine Kaninchenkuhlen. Diese graben die Tiere auf der Suche nach zarten Wurzeln und nicht, um sich hier einen Bau anzulegen.

39 Trick der Hasen

Wenn man eine Hasenspur im Schnee verfolgt, wundert man sich gelegentlich, daß sie plötzlich irgendwo endet. Um Fuchs und Hund, die ihn mit ihrer feinen Nase verfolgen, irrezuleiten, ist der Hase in seiner Spur bis zu fünfzig Meter weit zurückgelaufen. Mit einem Riesensatz ist er dann einige Meter seitwärts gesprungen und in eine andere Richtung weitergehoppelt. Dieses Tricks bedient sich der Hase im Winter wie auch in den anderen Jahreszeiten meist dann, wenn er seine »Sasse« aufsucht. Das ist die flache Erdmulde, in der er sich am Tage vor seinen Feinden versteckt hält.

Versteck unterm Schnee 40

An windgeschützten Stellen legt sich der Hase mehrere »Sassen« an, die er abwechselnd aufsucht. In so einer Erdmulde ruht er, mit der Nase gegen den Wind, während des Tages. Seine etwas hervorstehenden Augen erlauben ihm einen weiten Rundblick (Pfeile), und die angelegten Ohren vernehmen das feinste Geräusch. Oft läßt sich der Hase einschneien. Er ist dann wie ein Eskimo durch die Schneedecke gegen Frost geschützt. Nur ein kleines, von seiner Atemluft geschmolzenes Loch im Schnee verrät das Versteck. Übrigens, wenn der Hase schläft, hat auch er die Augen geschlossen.

41 Nistkasten für Meisen

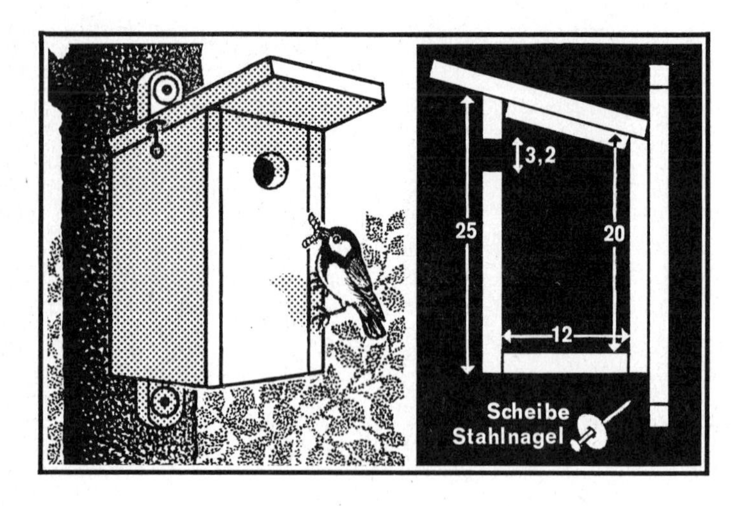

Wer im Frühjahr ein nistendes Meisenpärchen im Garten haben will, muß schon im Herbst für einen Nistkasten sorgen. Die Vögel sollen während des Winters in ihm Schutz finden und sich bis zur Brutzeit an ihn gewöhnen. Man baut den Kasten nach den angegebenen Maßen aus etwa 2cm starken Brettern. Sie müssen ungehobelt sein, weil sich die jungen Meisen an den Wänden festkrallen. Das Dach befestigt man mit Haken oder Draht so, daß man es zum Entfernen alter Nester (regelmäßig im Winter) abnehmen kann. Aufgehängt wird der Kasten ca. 3 m hoch mit dem Flugloch nach Südosten.

Vogelhöhle am Fenster 42

Rotschwänzchen, Bachstelzen und Grauschnäpper bevorzugen halboffene Nistkästen. Man kann sie aus 2 cm starken Brettern bauen. Der Nistplatz soll 12 × 12 cm groß und durch ein Vordach gegen Regen geschützt sein. An der Rückseite wird ein Brett zum Annageln des Kastens angebracht. Man hängt ihn etwa 3 m hoch mit der Öffnung nach Südosten an einer Wand oder einem Baum unweit des Fensters auf, damit man die Vögel und ihre Brutpflege beobachten kann. Den Katzen verbaut man den Weg zum Nest durch eine in Streifen aufgeschnittene, große Blechdose, die man um den Stamm befestigt.

43 Hilfe für Freibrüter

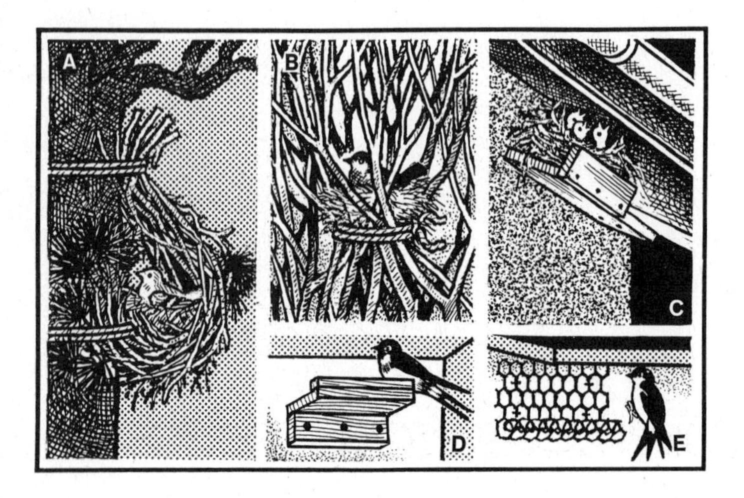

Vögel, die nicht in Nistkästen einziehen, wie die Drosseln und Finken, ermuntert man zum Nestbau in einer Nisttasche aus Reisig, die man mit Draht an einem Baumstamm befestigt (A), oder indem man Zweige von Büschen zusammenbindet (B). Andere Vögel bevorzugen zwei winklig unter einen Dachbalken genagelte Brettchen (C). Rauchschwalben nisten gern in Gebäuden und brauchen eine 12 × 12 cm große Nestauflage, 10 cm unter der Decke (D). Für Mehlschwalben nagelt man nur ein Stück Maschendraht, den man unten etwas aufgerollt hat, dicht unter das überragende Dach (E).

Blitzende Kugeln gegen Elstern 44

Eine spiegelblanke Tannenbaumkugel, die man – oben mit Alleskleber regendicht gemacht – an freier Stelle im Garten aufhängt, hält die Elster von den Singvogelnestern fern. Wie erklärt sich das? Das scharfe Auge der Elster ist instinktiv auf eirunde, blanke Dinge eingestellt. In ihrer Gier auf Singvogeleier nimmt sie bekanntlich auch andere rundliche, blinkende Gegenstände mit. So übersieht sie auch nicht die Tannenbaumkugel. Da aber der von ihr reflektierte scharfe Strahl des Sonnenlichts sie in alle Winkel des Gartens verfolgt, wird sie irritiert und fliegt davon.

45 Kirschen im Regen

Wenn es längere Zeit regnet, platzen die reifen Kirschen am Baum. Dasselbe geschieht, wenn man Kirschen ins Wasser legt. Durch die feinen Poren ihrer Haut gelangt zwar Wasser in sie hinein, jedoch ihr dickflüssiger, zuckerhaltiger Saft nicht heraus. Das eindringende Wasser verdünnt also den Saft und steigert den Druck in den Zellen der Frucht, bis sie schließlich platzen. Das Wandern von Flüssigkeiten durch Zellwände hindurch nennt man Osmose. Es ist der gleiche Vorgang, der auch die Aufnahme des Wassers durch die Pflanzengewebe von den Wurzeln bis hin zu den Blättern bewirkt.

Stabilität durch Druck 46

Stellt man eine Löwenzahnblüte, deren Stengel man ein Stück der Länge nach kreuzweise aufgeschnitten hat, in Wasser, so rollen sich die Stengelenden spiralig zusammen. Wie kommt das? Die schwammartigen Zellen in der inneren Schicht des Stengels dehnen sich durch zusätzliche Wasseraufnahme stark aus. Im ungespaltenen Stengel wird das durch die feste, äußere Zellschicht verhindert. Der hohe Druck, der folglich zwischen der inneren und äußeren Zellschicht herrscht (vergleichbar mit dem vollgepumpten Schlauch im Fahrradmantel) gibt dem Löwenzahnstengel seine Festigkeit.

47 Wasser aus Birkenblättern

Bindet man über den belaubten Zweig einer Birke einen Plastikbeutel, sammelt sich in ihm Feuchtigkeit, die aus zahlreichen, mikroskopisch kleinen Spaltöffnungen der Blätter ausgeschieden wird und sich an der Folie niederschlägt. An einem heißen Tag ist die aus den wenigen Blättern gewonnene Wassermenge ganz beachtlich. Sie ist allerdings in der feuchtigkeitsgesättigten Luft im Beutel bei weitem nicht so groß wie in trockener Luft, die die übrigen Blätter umgibt. Im Sommer kann eine ausgewachsene Birke täglich bis zu 400 Liter Wasser abgeben, das sie mit der Wurzel aufgenommen hat.

Kompaß am Wegesrand 48

Einen Kompaß kann der Stachellattich ersetzen, wenn man diese Pflanze im Sommer an sonnigen, trockenen Stellen am Wege nicht übersieht. Die Blätter haben sich am Stengel so gedreht, daß die Blattspitzen nach Norden und Süden weisen. Außerdem haben sie sich hochkant gestellt, so daß die Blattflächen nach Osten und Westen gerichtet sind. Durch diese Blattstellung schützt sich die Pflanze, die aus dem trockenen Boden nur wenig Wasser bekommt, gegen allzu starke Wasserverdunstung. Die brennende Mittagssonne kann die Blattflächen nicht treffen; ihr Schatten ist schmal.

49 Natürlicher Rasendünger

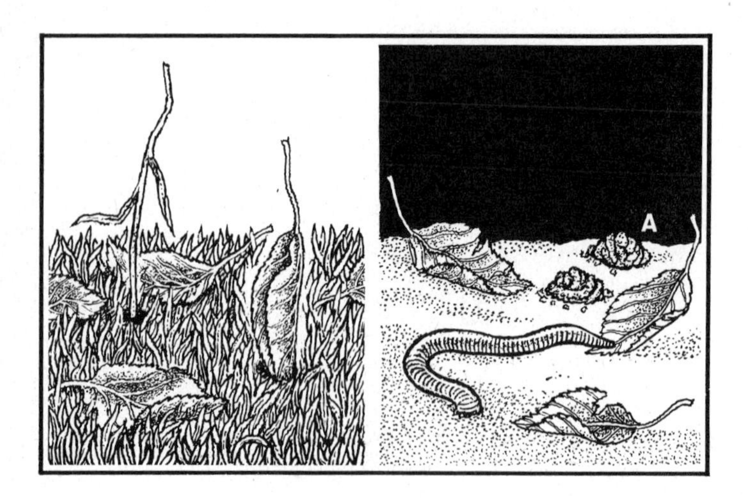

Auf dem Rasen fallen einzelne zusammengerollte Laubblätter und trockene Grashalme auf, die seltsamerweise senkrecht im Boden stecken. Wer ist der Täter? In der Nacht kommen die Regenwürmer mit ihrem Vorderende aus den Röhren, suchen nach verwelktem Laub und Gras, das nach dem Mähen liegengeblieben ist, und ziehen es mit dem Mund in die Erde. Nach dem Verfaulen verzehren die Regenwürmer die Pflanzenreste und verarbeiten sie zusammen mit Erde, die sie mit durch ihren Körper leiten, zu nährstoffreichen Humuskrümeln. Aus ihnen bestehen die Wurmhäufchen (A).

Instinkt der Regenwürmer 50

Steckt man im Garten ein Brettchen schräg in den Boden und trommelt leicht mit den Fingern darauf, kommen ringsherum Scharen von Regenwürmern aus der Erde. Verlassen die Tiere instinktiv ihre Löcher, um einem vermeintlichen Räuber, dem Maulwurf, zu entgehen? Oder kriechen sie deshalb heraus, weil sie das Zittern des Bodens auf einen Regen zurückführen? Beides kann zutreffen. Regenfälle locken nämlich die Würmer nicht aus der Erde, sondern treiben sie regelrecht heraus, weil sich ihre unterirdischen Gänge mit Regenwasser füllen und daher ihre Atemluft knapp wird.

51 Maulwurf in der Fallgrube

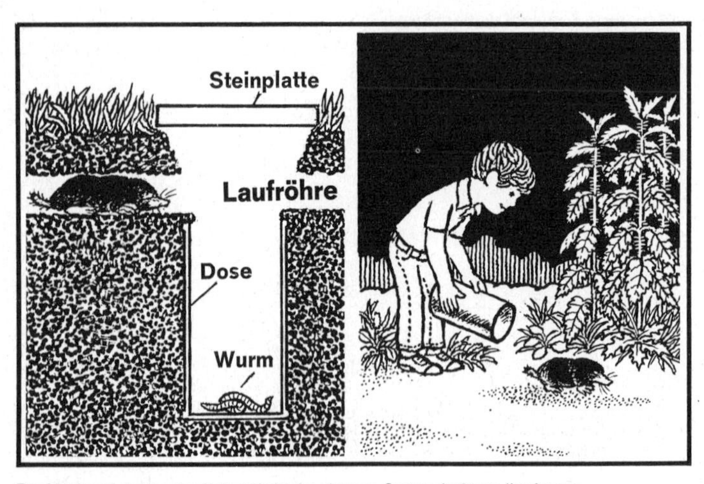

Der Maulwurf steht unter Naturschutz. Im eigenen Garten darf man ihn fangen.

Ein Maulwurf, der im Garten nicht gern gesehen ist, läßt sich lebendig fangen. Man sucht eine seiner Laufröhren mit festen, glatten Wänden, gräbt eine mindestens 25 cm hohe Konservendose so ein, daß die Laufröhre knapp über den mit Erde getarnten Dosenrand führt. Die Stelle wird zur laufenden Kontrolle mit einer Steinplatte abgedeckt. Am anderen Morgen ist der Maulwurf vielleicht schon in der Dose. Man läßt das Tier mit dem samtweichen Fell, den schaufelartigen Händen und winzigen Augen auf einem Gelände frei, wo es sich durch Vertilgung von Ungeziefer nützlich machen kann.

Vom Leben einer Schnecke 52

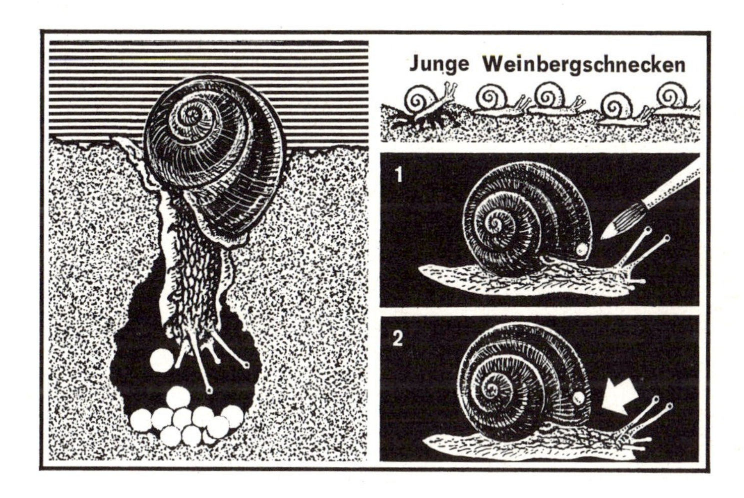

Einige von einer Reise mitgebrachte Weinbergschnecken bringen zusätzlich Leben in den Garten. Sie lieben Schatten und Feuchtigkeit zwischen Steinen und Pflanzen. Im Mai/Juni gräbt die Weinbergschnecke ein ca. 10 cm tiefes Loch, legt bis zu 60 weiße, erbsengroße Eier hinein und schließt es dann. Nach 4 Wochen kriechen die Jungen mit durchsichtiger Schale hervor. Das Wachsen des Schneckenhauses läßt sich verfolgen: man tupft wasserfeste Tusche an den Gehäuserand. Bald zeigen sich vor dem Tupfer durch Kalkabsonderungen des Schneckenkörpers gebildete Zuwachsringe.

53 Bewegung im Schneckentempo

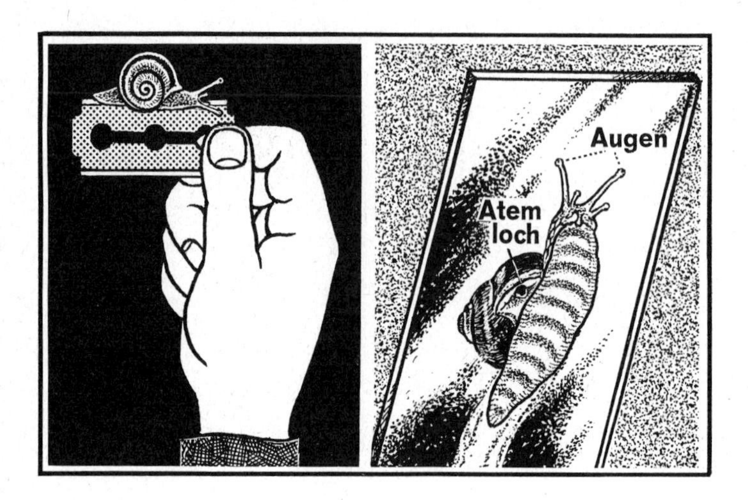

Aus zahlreichen Drüsen ihres Fußes scheidet die Schnecke einen Schleim aus, in dem sie regelrecht dahinschwimmt. Selbst eine scharfe Rasierklinge kann ihr auf Grund der guten Schmierung nichts anhaben. Von unten, durch eine Glasscheibe betrachtet, erkennt man auf ihrer Kriechsohle streifenförmige Schatten, die in gleichbleibendem Tempo von hinten nach vorn wandern. Sie entstehen durch das wellenförmige Zusammenziehen der Muskeln, wobei laufend ein Stück des Fußes hinten vorgezogen und vorn vorgeschoben wird. Tempo einer Weinbergschnecke: 12 cm pro Minute.

Süße Schneckennahrung 54

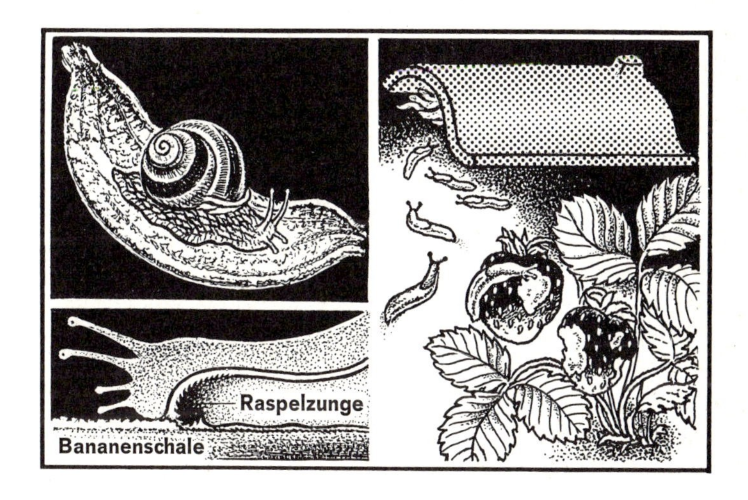

Setzt man Schnecken auf die Innenseite einer frischen Bananenschale, beginnen sie sogleich zu futtern. Mit ihrer Zunge, die wie eine Raspel mit tausenden feiner, nach hinten gerichteter Zähnchen besetzt ist, kratzen sie die weiße Schicht der Schale ab. Neben allerlei zarten Blättchen verzehren Schnecken besonders gern süße Pflanzenstoffe. Die kleinen, gelblichgrauen Ackerschnecken fressen nachts im Garten Gemüse und Beeren an. Da sie kein schützendes Gehäuse tragen, verstecken sie sich tagsüber. Man lockt sie an, indem man Kartoffelschalen unter einen Dachziegel legt.

55 Raupenjäger im Garten

Unter einem angehobenen Stein rennt ein Goldlaufkäfer eilig davon. Der goldgrüne, knapp 3 cm große Käfer kann nicht fliegen; man kann ihn deshalb in einer offenen Dose betrachten, in der man ihm eine Höhle gebaut hat. Mit seinen sichelartigen Zangen stürzt sich der Käfer auf Raupen, Nacktschnecken und Würmer, die man ihm gibt, spritzt ihnen einen Verdauungssaft ein und saugt sie aus. Nur gegen Raupen mit einem dichten Haarpelz kann er nichts ausrichten. – Die ähnlich aussehenden, aber schwarzen Laufkäfer jagen nur nachts im Garten und auf dem Feld nach Ungeziefer.

Feind der Blattläuse 56

Wie nützlich die Siebenpunkt-Marienkäfer sind, erkennt man, wenn man einen Käfer auf eine von Blattläusen befallene Pflanze setzt. Im Nu verspeist er einige Läuse und läßt sich dabei auch nicht von den Ameisen vertreiben, die die Blattläuse wegen ihrer süßen Ausscheidungen wie Kühe melken. Auch die grauviolette, schwarz und gelb gepunktete Marienkäfer-Larve (A) ernährt sich von Blattläusen. Wenn man einen Zweig mit einer Puppe (B) in ein Glas stellt, kann man das Ausschlüpfen des Marienkäfers beobachten. Von einem angefeuchteten Zuckerstückchen nascht der Käfer gern.

57 Ameisenbau im Glas

Wer Ameisen beobachten will, kann sich ein Volk der kleinen Rasenameisen ausgraben, die man häufig im Garten unter Steinen findet. Man bringt das Nest mit der umgebenden Erde vorsichtig in ein Einmachglas, bindet es mit einem Perlonstrumpf zu und verdunkelt den unteren Teil mit Papier. Nimmt man dieses von Zeit zu Zeit ab, kann man den Bau der unterirdischen Gänge und die Pflege der Larven und Puppen verfolgen. Man füttert die Ameisen mit Obststücken, Zucker und toten Insekten. Auf einem Zweig betrillern sie mit ihren Fühlern Blattläuse, um deren süße Ausscheidungen zu trinken.

Haus aus Schaum 58

Auf Wiesenpflanzen, besonders auf der Kuckuckslichtnelke und dem Wiesenschaumkraut, findet man häufig weiße Schaumklümpchen. Untersucht man den »Kuckucksspeichel«, entdeckt man darin – vor Raubinsekten, Vögeln und Sonne geschützt – eine kleine Larve (A). Sie hat den Pflanzenstengel angebohrt, mischt ihn mit Ausscheidungen zu einer seifenartigen Lösung und bringt diese durch Lufteinblasen zum Schäumen. Setzt man die Larve auf eine andere Kuckuckslichtnelke, baut sie ein neues Schaumhaus. Aus der Larve schlüpft ein heuschreckenähnliches Tier, die Schaumzikade (B).

59 Geschneiderte Brutzellen

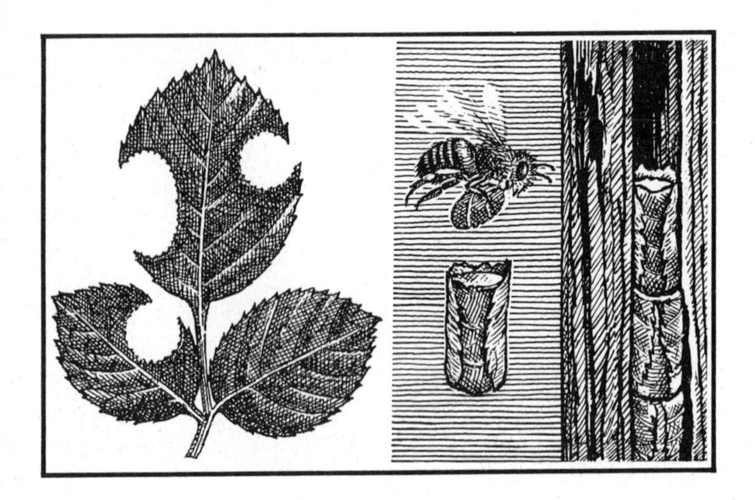

In Rosen- und Apfelblättern entdeckt man kreisrunde und ovale Löcher. Sie zeugen von der Arbeit der Blattschneiderbiene. Mit ihren scharfen Kiefern schneidet sie zuerst ovale Blattstückchen aus, trägt sie im Flug davon und schleppt sie in Holzritzen oder hohle Pflanzenstengel. Dort rollt sie mehrere dieser Blatteile zu einer fingerhutartigen Hülse zusammen. Diese füllt sie mit Honig und Blütenstaub, legt darauf ein Ei und verschließt sie zuletzt mit einem genau passenden, runden Blattdeckel. Mehrere solcher Brutzellen werden von der Biene in dem Versteck übereinandergestellt.

Baustoff der Wespen 60

Wer verursacht das merkwürdige Knabbern und Knistern, das an einem stillen Sommertage aus dem Schilf am Teich zu hören ist? Man denkt zuerst an Mäuse, entdeckt aber schließlich, daß hier Wespen am Werk sind. Sie nagen mit ihren Kiefern unüberhörbar an den vertrockneten Blättern des Schilfes und der Lilien und zerkauen die Pflanzenfasern mit ihrem Speichel zu einer papierähnlichen Masse. Aus diesem Brei bauen die Wespen in Erdhöhlen, an Bäumen und unter den Dächern ihr kugeliges Nest. In seinem Innern sind in mehreren Etagen die Waben mit der Brut aufgehängt.

61 Jäger im Gras

Überall im Gras sieht man Wolfsspinnen, die keine Fangnetze bauen, auf Insektenjagd. Sie laufen und hüpfen hastig umher und sonnen sich zwischendurch auf Steinen und Laub. Im Frühsommer tragen die Weibchen ihren Eierkokon mit, eine weiße erbsengroße Kugel, die sie um die Eier gesponnen haben. Nimmt man einer Spinne den Kokon weg, läuft sie auf der Suche nach ihm aufgeregt umher. Hat eine andere Spinne das Eierpaket geraubt, kommt es zu einem erbitterten Kampf. Ebenso zäh verteidigt sie die jungen Spinnen. Sie trägt sie alle auf ihrem Rücken mit und füttert sie unterwegs.

Aufgespießte Beute 62

Wenn man auf den Dornen einer Hecke allerlei Getier, Käfer, Heuschrecken, Mäuse und Frösche aufgespießt findet, braucht man den Täter nicht lange zu suchen. Er sitzt hoch auf einem Busch und hält bereits nach neuer Beute Ausschau. Es ist der Neuntöter, ein Singvogel mit blaugrauem Kopf und rostbraunem Rücken, der sich wie ein Raubvogel gebärdet. Die erlegten Tiere spießt er auf die Dornen, um sie leichter zerreißen und die harten Insektenschalen besser entfernen zu können. Einen Teil der Beute spart der Neuntöter für schlechte Fangtage auf, verzehrt sie aber meist nicht.

63 Schutz für kleine Hasen

Wer einmal einen oder mehrere junge Hasen scheinbar verlassen auf dem Feld findet, darf sie niemals anfassen! Die Häsin kommt regelmäßig dreimal am Tage, um die Jungen zu säugen; der menschliche Geruch aber würde sie vertreiben. Junge Hasen, wie auch neugeborene Tiere anderer Haarwildarten, haben keinen Eigengeruch. Dem Fuchs ist es daher unmöglich, sie zu wittern. Um ganz sicher zu gehen, setzt die Häsin ihre Jungen gern auf einem Feld mit frischem Stallmist ab. Sein scharfer Geruch überdeckt die Witterung ihrer eigenen Spur, und seine braune Farbe tarnt die Jungen.

Kinderstube der Wildkaninchen 64

Allzu leicht kann ein Hund, der in der Erde nach einer vermeintlichen Maus wühlt, an kleine Wildkaninchen geraten! Die Kaninchenhäsin bringt ihre Jungen nicht in dem weitverzweigten, unterirdischen Bau zu Welt, wo sie von Marder, Iltis und Wiesel bedroht wären. Sie setzt sie in eine nur einen halben Meter tiefe Röhre, die sie waagerecht in einen Hang gegraben und mit ihrer eigenen Wolle gepolstert hat. Den Zugang verschließt sie fest mit Erde. Nur in der Dämmerung morgens und abends scharrt sie ihn für eine Weile auf, um die anfangs noch blinden und völlig hilflosen Jungen zu säugen.

65 Aufblühen im Zeitlupentempo

An warmen Sommerabenden kann man das Aufblühen der Nachtkerze miterleben, die an Feldrainen, Waldrändern und Bahndämmen Nachtschmetterlinge anlockt. Man achtet etwa bei Sonnenuntergang auf eine Knospe, deren grüne Kelchblätter schon leicht geöffnet sind (1). Auf einmal beginnen sie, sich weiter zu öffnen: zusehends entfalten sich die leuchtend schwefelgelben Blütenblätter, und ruckartig klappen schließlich die Kelchblätter nach hinten (2). Das alles geschieht innerhalb von nur 3 Minuten. Am Abend darauf ist diese Blüte schon fast verwelkt, und eine neue entfaltet sich.

Käse für den Sonnentau 66

Der Sonnentau steht unter Naturschutz.

Mit glitzernden, süß duftenden Tröpfchen an den roten Härchen seiner Blätter lockt der Sonnentau im Moor kleine Insekten an. Sobald sich ein Tier auf den vermeintlichen Honig setzt, ist es gefangen. Härchen und Blatt umgreifen es, und ein ätzender Saft verdaut es allmählich. Man kann den Sonnentau auch mit Fleisch, Käse oder Ei füttern. Legt man winzige Krümchen davon auf ein Blatt, sind sie nach ein bis zwei Tagen »aufgegessen«. Die Pflanze nimmt sich aus dem tierischen Eiweiß die Aufbaustoffe, die ihr der nährstoffarme Moorboden nicht gibt. Auf Brotkrümel reagiert sie nicht.

67 Pflanze auf Unterwasserjagd

Goldgelbe, löwenmaulähnliche Blüten, die aus dem Wasser von Teichen und Gräben ragen, machen auf eine merkwürdige Pflanze aufmerksam, den Wasserschlauch: Er fängt kleine Tiere im Wasser. Da die Pflanze keine Wurzeln hat, kann man sie in einem Glas mit Teichwasser nach Hause nehmen. An den Unterwassertrieben fallen kleine Bläschen auf, die Fangapparate der Pflanze. Jedes Bläschen hat eine kleine Klappe. Stößt ein Wasserfloh oder Hüpferling dagegen, öffnet sie sich, das Tier wird hineingestrudelt und eingesperrt. Die Pflanze verdaut es und gewinnt so Nährstoffe.

Selbstgebautes Mikroskop 68

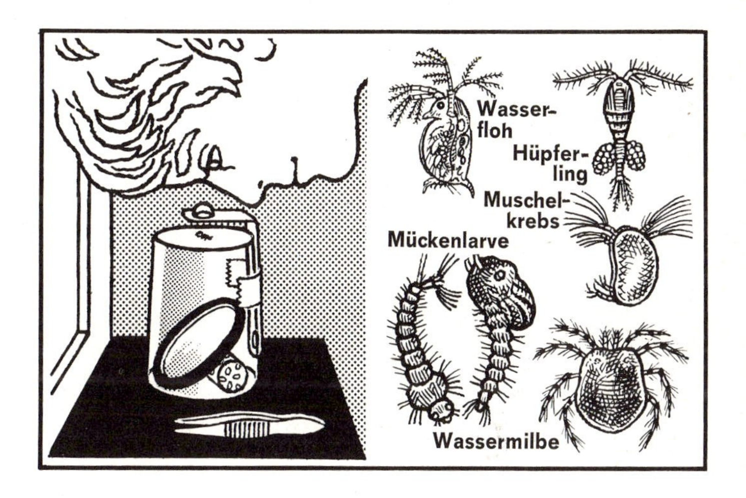

Wasserflöhe und andere winzige Lebewesen lassen sich durch ein Tropfen-Mikroskop in vielfacher Vergrößerung betrachten. Einen rechtwinklig gebogenen Blechstreifen von einem Schnellhefter befestigt man mit Klebefilm an einem umgestülpten Wasserglas so, daß sich das eine Loch 1 cm über dem Glasboden befindet. Man bringt einen Wasserfloh auf das Glas, tupft einen Wassertropfen als Linse in das Loch, führt das Auge nahe heran und reguliert die Schärfe durch Biegen des Bleches. Ein auf einen Korken unter das Glas gelegter Spiegel – durch Verschieben des Glases verstellbar – erhellt das Bild.

69 Ein Tier mit Fangarmen

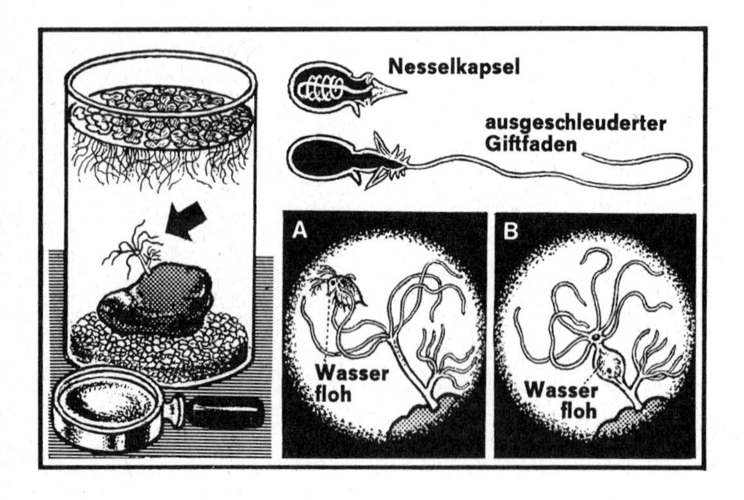

Wer Wasser und Entengrütze aus einem Tümpel im Aquarium hat, entdeckt vielleicht ein etwa 2 cm großes, schlauchförmiges Tier mit fadenartigen Fangarmen, die es wie Handschuhfinger einstülpen kann. Es ist der Süßwasserpolyp, ein Verwandter der Seeanemonen und Quallen des Meeres. Leider kann man mit bloßem Auge nicht die Nesselkapseln erkennen, winzige Giftharpunen, mit denen er auf Beutetiere schießt. Sie töten einen Wasserfloh (A). Die Fangarme umfassen ihn und stopfen ihn durch die Mundöffnung (B). Man beobachtet auch, wie sich der Polyp durch Knospen vermehrt.

Spinne unter Wasser 70

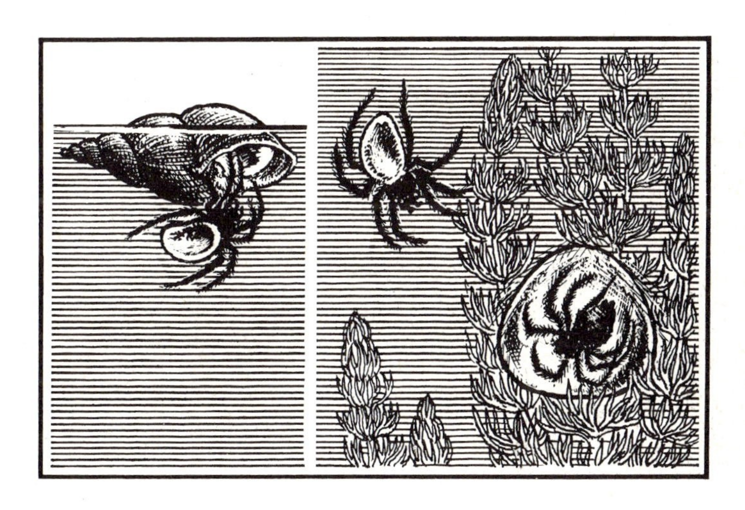

In Schneckenhäusern, die an der Wasseroberfläche eines Tümpels treiben, entdeckt man nicht selten eine Wasserspinne. Die schwarze Spinne überwintert sogar in dem vom Eis eingeschlossenen Haus. Im Aquarium sieht man, wie sie die Luft, die sie an ihrem behaarten Hinterleib von der Wasseroberfläche holt, in das Schneckenhaus hineinträgt. Meist aber verankert sie mit Spinnfäden zwischen den Pflanzen einen Luftvorrat, den sie auf gleiche Weise herbeischafft. In dem Luftschloß, das sich aufgrund der Oberflächenspannung des Wassers hält, verspeist sie ihre Beute und füttert die Jungen.

71 Häuschen aus Stein und Holz

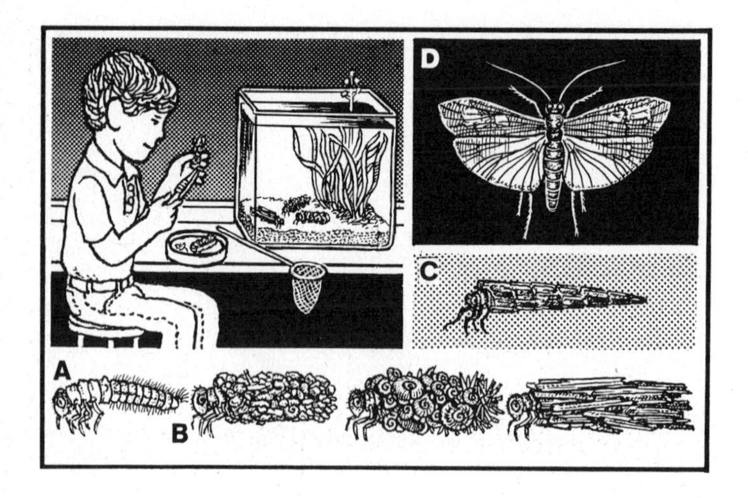

Wie sich eine Köcherfliegen-Larve, die man in Teichen und Seen findet, eine neue Schutzröhre baut, läßt sich im Aquarium verfolgen. Mit einer Pinzette bröckelt man vorsichtig den Köcher auseinander. Die ungeschützte Larve (A) umgibt sich mit einem feinen Gespinst und heftet daran, meist im Schutz der Nacht, Steinchen, kleine Schneckenschalen und Holzstückchen (B). Eine andere Art verspinnt zurechtgeschnittene Blattstückchen zu einem tütenförmigen Gehäuse, mit dem sie wie in einem kleinen U-Boot im Aquarium schwimmt (C). Köcherfliegen sind schmetterlingsähnliche Insekten (D).

Geburt einer Libelle 72

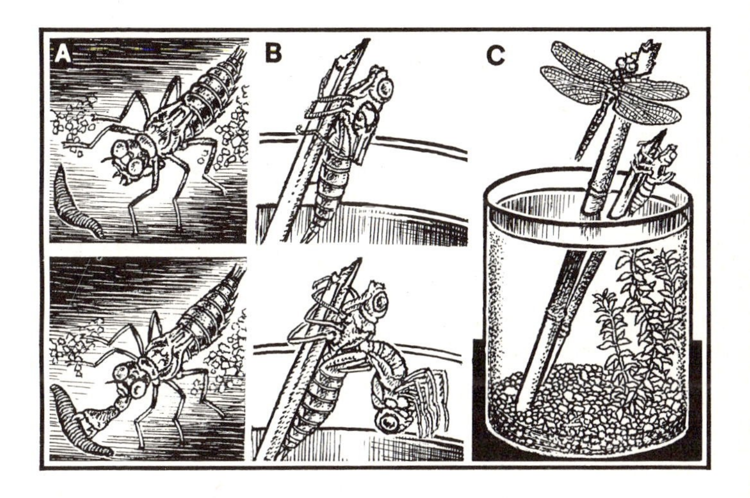

Eine Libellenlarve – im Sommer in einem Teich gefangen – ist ein interessantes Studienobjekt im Aquarium. Eine Besonderheit ist ihre »Fangmaske«: Hat die Larve mit ihren großen Augen ein Beutetier erspäht (Wasserasseln, kleine Insekten und Egel), schleicht sie sich heran, klappt blitzschnell den Fangapparat über das Opfer und reißt es zu ihrem Mund (A). Eines Tages kriecht die Larve an einem ins Aqarium gestellten Schilfstengel empor, ihre Hülle reißt auf, und aus ihr windet sich die schillernde Libelle (B). Es dauert noch 2 Stunden, bis ihre Flügel erhärtet sind (C) und sie davonfliegen kann.

73 Kleiner Teich hinterm Busch

Ein kleiner Teich im Garten lockt die Vögel zum Trinken und Baden an, man kann in ihm aber auch mancherlei Wassertiere beobachten. Man legt den Teich im Halbschatten hinter einem Busch an und gräbt zuerst die Mulde in natürlicher Form aus. Damit die Ränder fest bleiben, setzt man ringsherum beliebige Stein- oder Holzplatten senkrecht ein. Dann wird die Mulde mit Plastikfolie ausgelegt (bis zu 6 m breites Polyäthylen gibt es preiswert zu kaufen). Die Ränder der Folie werden gerafft und hinter den Platten eingegraben. Von einem moorigen Gewässer holt man Sumpfpflanzen und einen Eimer voll Schlamm; man setzt sie in Gruppen am Rand ein. Schilf ist ungeeignet, da seine Triebe die Folie durchlöchern. Am Boden des Teiches werden gewaschener Seesand und Kieselsteine verteilt und auf den Rand Steinplatten und Feldsteine gelegt. An einer Stelle soll das überschüssige Wasser über den Rand laufen und im Boden versickern; hier können Lilien gepflanzt werden. Das Wasser wird von einem Wasserhahn durch einen eingegrabenen Plastikschlauch geleitet und sprudelt aus einer Grotte in den Teich. Da er völlig natürlich aussieht, stellen sich bald Wasserläufer und Taumelkäfer ein. Im Winter kann das Wasser im Teich bleiben, Fische und Frösche aber bringt man schon im Spätherbst in ein tieferes Gewässer.

Stein
platten
Pfeil-
kraut
Schwert-
lilie
Frosch-
biß
Frosch-
löffel
Laichkraut
Steine
Plastik-
schlauch
Plastikfolie
Steinplatten
Schlamm

74 Liebeslied der Frösche

Beim Quaken öffnen die Frösche nicht ihr Maul, sie stoßen die Luft durch die Nasenlöcher. Die Schallblasen, die Wasserfrösche an beiden Backenseiten, Grasfrösche und Laubfrösche an der Kehle bilden, verstärken den Ton, ähnlich prallgefüllten Luftballons, über die man mit den Fingern ratscht. Der Wasserfrosch (A) beginnt in stillen Abendstunden mit »moarks-moarks«, es folgt ein anhaltendes »brecke-brecke-brecke«. Vom Grasfrosch (B) ist nur ein leises Murren zu hören. Der Laubfrosch (C) sitzt im Gebüsch am Wasser und läßt ein gellendes »äpp-äpp-äpp« weithin hörbar ertönen.

Verwandlung vom Ei zum Frosch 75

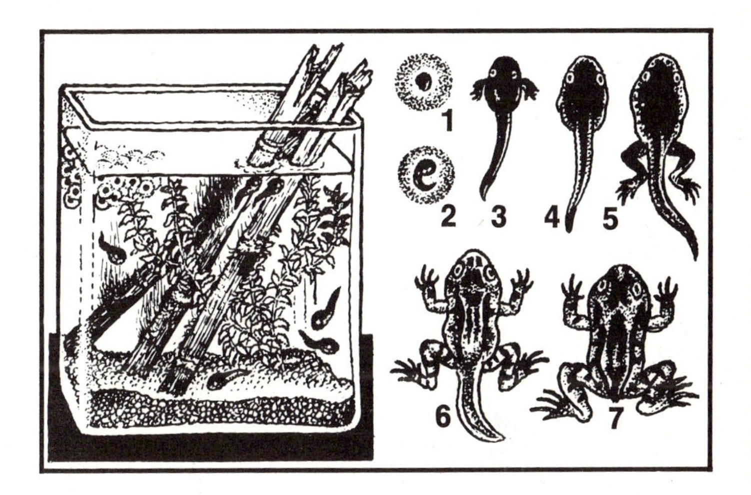

Um die Entwicklung von Fröschen gut verfolgen zu können, bringt man etwas Froschlaich in ein bepflanztes Aquarium mit klarem Teichwasser und schräg herausragenden, mit Algen bewachsenen Schilfstengeln oder Steinplatten. Die ausgeschlüpften Kaulquappen haben Kiemenbüschel (3), später atmen sie durch innere Kiemen. Sie werden mit Fischfutter, Wasserflöhen und Fleischbrocken gefüttert. Erst erscheinen die Hinterbeine, dann die Vorderbeine, während sich der Schwanz zurückbildet. Die kleinen Frösche sind Lungenatmer, kriechen aus dem Wasser und werden freigesetzt.

76 Geburt eines Molches

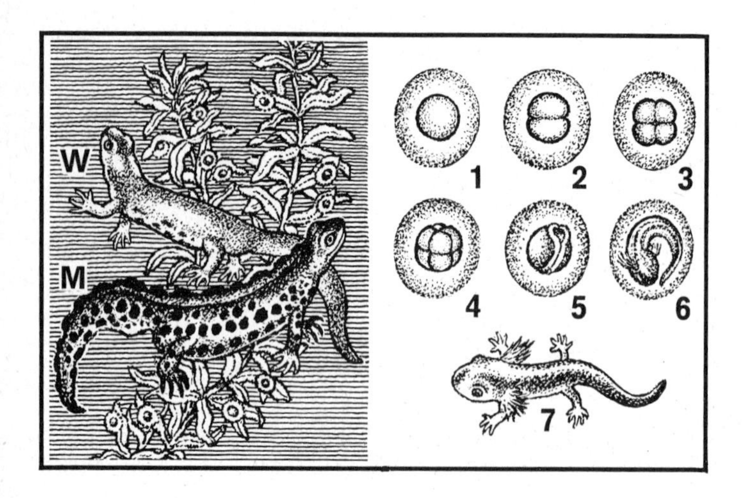

Im Frühjahr tummeln sich die kleinen Teichmolche in den Tümpeln. Das farbenprächtige Männchen umwirbt das Weibchen, und dieses klebt seine Eier an Wasserpflanzen. In einem mit Gaze abgedeckten Aquarium kann man Molche einige Tage halten und ihren Laich beobachten. Eine Eizelle teilt sich innerhalb von 3 Stunden in 2 Zellen, bald in 4, 8, 16 usw. Das Ei entwickelt sich zur Larve, die nach dem Ausschlüpfen Kiemenbüschel zur Atmung trägt. Diese bilden sich später zurück, der ausgewachsene Molch atmet durch eine Lunge. Gefüttert wird mit Wasserflöhen und Mückenlarven.

Moderlieschen in der Flasche 77

Die streichholzlangen, schlanken Fischchen, die sich meist zu mehreren an der Oberfläche von Gräben und Teichen tummeln, heißen Moderlieschen. Sie lassen sich in einer Flaschenreuse fangen: Stecke eine Weinflasche aus klarem Glas in den Sand und schlage in ihren gewölbten Boden mit einem großen Nagel ein fingerdickes Loch. Setze Würmchen und Weißbrotklümpchen in die zugekorkte Flasche und hänge sie ins Wasser. Im Aquarium sind die munteren, silberglänzenden Fische gut zu halten. Das Weibchen klebt die Eier in Spiralen um Pflanzenstengel, das Männchen bewacht sie.

78 Stichling im Aquarium

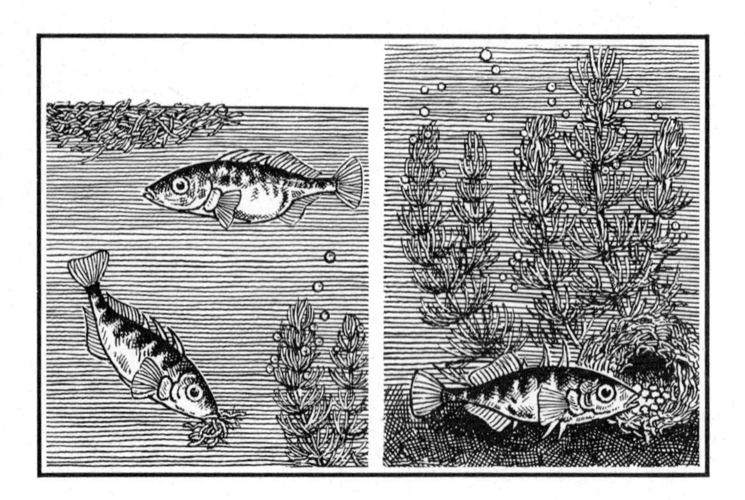

Funkelnde Augen, einen leuchtend roten Bauch und blaugrünen Rücken hat das Männchen des dreistacheligen Stichlings im Frühjahr. Wer ein Männchen und zwei bis drei Weibchen in ein gut bepflanztes Aquarium setzt, kann ihre Brutpflege beobachten. Graswurzeln, die man ins Wasser streut, schleppt das Männchen büschelweise zum Boden herab und baut daraus ein Nest. Nun lockt es die Weibchen zum Laichen herbei, bewacht die Eier und wedelt frisches Wasser heran. Entfernt sich eins der nach 10 Tagen ausgeschlüpften Jungen vom Nest, holt der Stichling es im Maul zurück.

Verteidigung des Reviers 79

Wütend greift das Stichlingsmännchen alles an, was sich seinem Nest nähert. Sogar die Schnecke muß abziehen, und die eigemauerte Köcherfliegenlarve trägt der Stichling im Maul fort. Weil er selbst die eigenen Weibchen nach dem Laichen vertreibt, nimmt man sie aus dem Aquarium. Eine Stichlings-Attrappe, die man aus blauem und rotem Knetgummi formt und an einer Stricknadel ins Aquarium bringt, greift der Stichling ebenso an wie ein Weidenblatt am Ende einer dünnen Rute. Fährt man damit durch sein Revier, beißt er sich manchmal an dem Blatt fest und läßt sich so herausangeln.

80 Kleiner See im Glas

Die Einrichtung eines Kaltwasser-Aquariums ist einfach: In ein sauberes Glasbecken mit einer 2 cm hohen Kiesschicht setzt man gruppenweise Wasserpflanzen aus einem Teich ein, formt über dem Kies aus sauber ausgewaschenem Seesand einen Berg und füllt vorsichtig (über ein Stück Papier) Leitungswasser ein. Wie in einem See, so muß auch in einem Aquarium das »biologische Gleichgewicht« stimmen: Es müssen genügend Wasserpflanzen vorhanden sein, damit der Sauerstoff, den sie produzieren und an das Wasser abgeben, als Atemluft für die Tiere ausreicht. Ein fingerlanger Fisch benötigt mindestens 2 l Wasser. Faulende Stoffe machen das Wasser sauerstoffarm, und die Tiere im Aquarium sterben dann genauso wie in einem von Abfällen verschmutzten See. Man sollte also abgestorbene Pflanzenteile und Mulm entfernen und außerdem alle 14 Tage einen Teil des Aquariumwassers durch frisches Wasser ersetzen. Als Futter keschert man in einem Teich Wasserflöhe, Mückenlarven und andere kleine Lebewesen. Gefüttert wird morgens und abends, aber nicht mehr, als die Tiere gerade verzehren. Das Aquarium sollte nahe einem Ost- oder Westfenster stehen. Als Algenvertilger dienen Posthornschnecken. Schlammschnecken dagegen fressen die Blattpflanzen ab.

Schlammschnecke
Seesand
Kies
Posthornschnecke

Wasserpest

Krebsschere

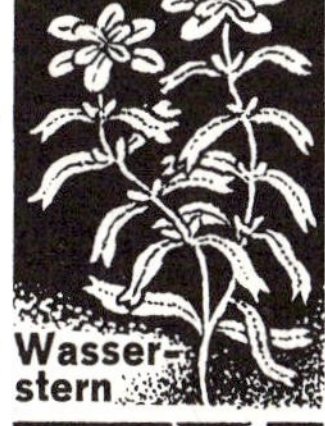
Wasserstern

Hornblatt

Draht
Futterkescher
Perlonstrumpf
Wasserflöhe

Laichkräuter

Tausendblatt

81 Junge Fische in Muscheln

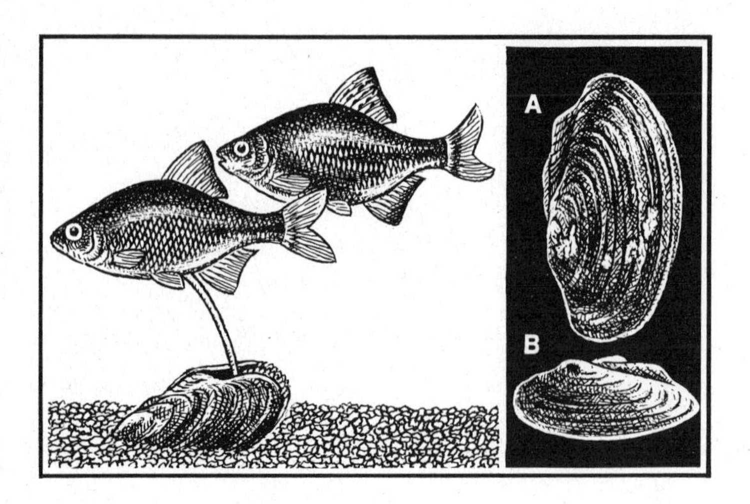

Wer das Glück hat, im Frühling ein Bitterlings-Pärchen in einem Teich zu fangen, sollte gleich eine lebende Teichmuschel (A) oder Malermuschel (B) mit ins Aquarium nehmen. In den Atemschlitz einer dieser Muscheln legt das Weibchen des Bitterlings mit Hilfe einer etwa 5 cm langen Legeröhre seine Eier, die dann von dem in allen Farben schillernden Männchen befruchtet werden. Nach über drei Wochen schlüpfen die Jungen aus. Sie haken sich im Innern der Muschel fest und bleiben in ihrem Schutz mehrere Tage. Ohne diese Muscheln können sich die Bitterlinge nicht vermehren.

Entdeckung am Flußufer 82

Bereits vier Jahre alt sind die jungen Aale, die im Frühjahr in großen Schwärmen vom Meer her in unsere Flußmündungen ziehen. Sie benötigen diese lange Zeit, um von den Laichplätzen im Atlantik bis nach Europa zu gelangen. Die kaum fingerlangen, anfangs durchsichtigen »Glasaale« (A) färben sich langsam grau und wandern als »Steigaale« (B) flußaufwärts in die Binnengewässer. Da sie sich tagsüber am Ufer unter Steinen verstecken, kann man einzelne Tiere leicht mit der Hand fangen. Im Aquarium kommen sie abends aus ihrem Versteck und holen sich Wasserflöhe und anderes Getier.

83 Fichte oder Tanne?

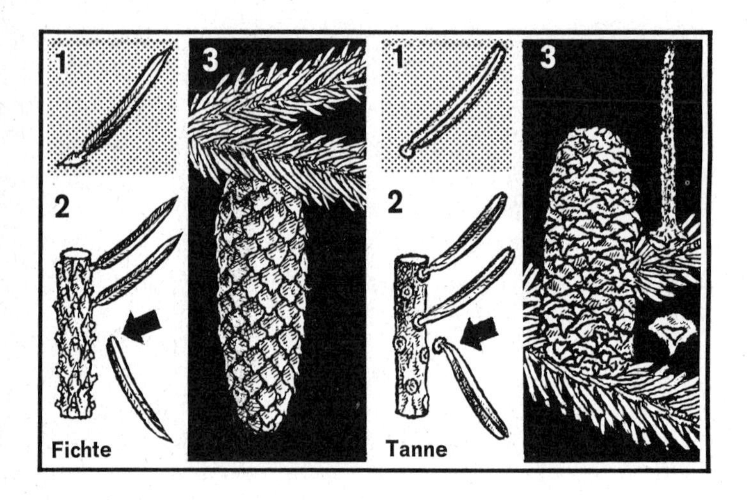

Eine Fichte läßt sich von einer Tanne leicht unterscheiden: 1. Fichtennadeln sind vierkantig und allseitig grün, Tannennadeln sind breiter und haben zwei helle Längsstreifen an der Unterseite. 2. Kahle Fichtenzweige sind raspelartig rauh, da nach dem Abfallen der Nadeln ihre Stielchen am Zweig bleiben. Dagegen fallen die scheibchenförmigen Stielchen der Tannennadeln mit ab; kahle Tannenzweige sind deshalb ziemlich glatt. 3. Fichtenzapfen hängen am Zweig und fallen unversehrt ab. Tannenzapfen stehen aufrecht und verlieren ihre Schuppen, bis die nackten Spindeln übrigbleiben.

Wer gepreßte Pflanzen sammeln will, sollte vielleicht erst einmal mit den Blättern der Bäume beginnen. Als handliche Presse dienen zwei Hartfaserplatten im Format DIN A4 mit einer fingerdicken Lage gleichgroßer Blätter Zeitungspapier. Das Ganze wird von 3 Einmach-Gummiringen zusammengehalten. Man sammelt Blätter in passender Größe und unterschiedlichen Formen von allen möglichen Bäumen und läßt sie etwa 14 Tage zwischen den Papierlagen der Presse trocknen. Danach werden sie übersichtlich nach Arten geordnet, auf Schreibpapier geklebt und mit Namen versehen.

85 Lebenslauf eines Baumes

Die Jahresringe an der Schnittfläche eines abgesägten Baumes verraten nicht nur sein Alter, sondern erzählen auch von guten und schlechten Zeiten: Breite Ringe deuten auf Jahre mit viel Sonne und Regen hin, enge Ringe auf Jahre mit schlechten Wachstumsbedingungen. Das helle »Frühholz« eines Jahresringes ist im Frühjahr gewachsen und besteht aus einem weichen, wasserleitenden Gewebe. Es geht in das wegen seiner engen Poren festere und dunklere »Spätholz« über, das im Sommer und Herbst gewachsen ist, bevor der Baum sein Wachstum für die Winterruhe unterbrach.

Säbelwuchs der Bäume 86

Wie kommt es, daß Bäume an steilen Hängen oft säbelartig krumm gewachsen sind? Die Form der Stämme verrät, daß hier eine unmerkliche Bodenbewegung im Gange ist. Die obere Erdschicht rutscht – durch Niederschläge und Unterspülung begünstigt – langsam talwärts und kippt ganz allmählich die jungen Bäume. Da aber jede Pflanze bestrebt ist, senkrecht emporzuwachsen, biegt sich der Stamm nahe der Erdoberfläche nach oben. Die Wurzel wendet sich entsprechend senkrecht ins Erdreich. Erst wenn der Baum eine gewisse Größe erreicht hat, widersteht er der Bodenbewegung.

87 Leben in der hohlen Weide

Obwohl der Stamm einer Weide oft bis auf eine dünne Hülle ausgefault ist, trägt sie noch grüne Blätter. An einem Zweig verwelken die Blätter auch dann nicht, wenn man von ihm, ohne ins Holz zu schneiden, einen Rindenring ablöst (Pfeil). Man ersieht daraus, daß das von den Wurzeln eines Baumes aufgenommene Wasser mit den Nährstoffen weder durch seine inneren Holzschichten, noch durch seine Rinde zu den Blättern geleitet wird. Allein in der äußersten Holzschicht, in den jüngsten Jahresringen, verlaufen die feinen Leitungsbahnen, in denen das Wasser emporsteigt.

Würgende Ranken 88

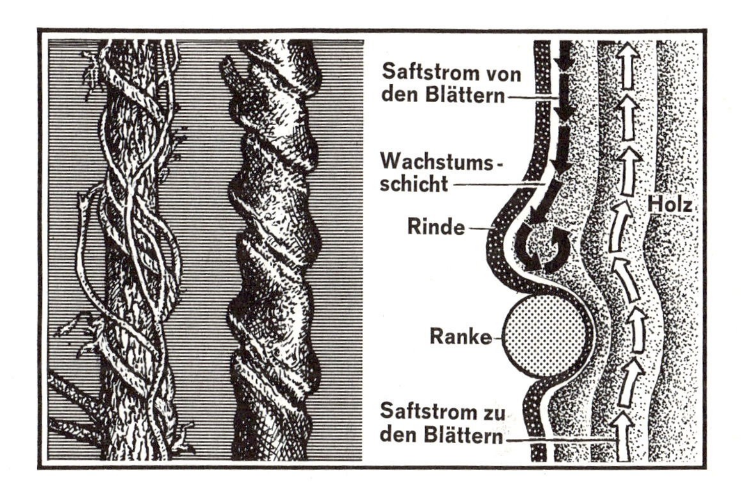

Korkenzieherartig gedreht erscheint der Stamm eines jungen Baumes, an dem sich Ranken des Geißblattes emporwinden. Wie erklären sich die deutlichen Verdickungen des Stammes direkt über den Ranken, die sich in die Rinde eingeschnitten haben? Da die verholzten Ranken beim Dickerwerden des Stammes nicht nachgeben, drosseln sie den Saftstrom, der unmittelbar unter der Rinde von oben nach unten verläuft und die von den Blättern produzierten Aufbaustoffe befördert. Diese stauen sich daher über den Einschnürungen und begünstigen hier das Zellwachstum des Holzes und der Rinde

89 Fanggruben im Sand

Im lockeren, feinen Sand am Rande des Kiefernwaldes fallen einem seltsame, kleine Trichter auf. Jeder Trichter ist die Fanggrube eines Ameisenlöwen, der in ihrem Grund vergraben auf Beute lauert. Nähert sich eine Ameise dem Trichterrand, beschießt der Ameisenlöwe sie mit Sandkörnchen, bis sie ihren Halt verliert, hilflos in die Tiefe rutscht und in die Freßzangen des Ameisenlöwen gerät. Setzt man den Räuber in einen Behälter mit trockenem, feinem Sand, kann man sein Leben zu Hause weiterverfolgen. Er ist die Larve eines libellenähnlichen Insekts, der Ameisenjungfer (A).

Geräusche aus der Nuß 90

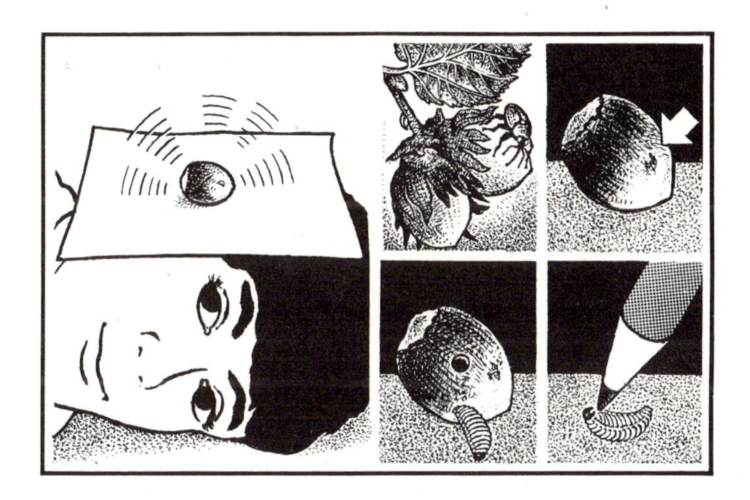

Eine kleine Narbe auf einer noch unreifen Haselnuß (Pfeil) zeugt von der Arbeit des Haselnußbohrers. Im Frühjahr hat der Käfer, indem er sich um seinen Rüssel drehte, die weiche Schale durchbohrt und ein Ei in die Frucht gelegt. Bringt man eine befallene Nuß auf einem glatten Bogen Papier an das Ohr, kann man die schabenden Freßgeräusche der ausgeschlüpften Larve enorm verstärkt hören. Sie verzehrt den Kern und schneidet sich im September ein kleines Ausgangsloch durch die Schale. Wenn man die Larve mit einer Bleistiftspitze reizt, zeigt sie ihre scharfen Kiefer.

91 Löcher in Haselnußschalen

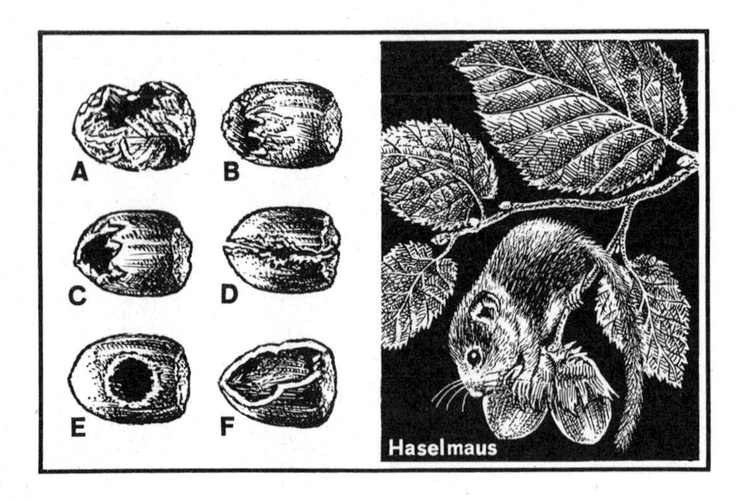

Verschiedene Nagespuren an Haselnüssen verraten, wer die begehrten Kerne verspeist hat. Junge Eichhörnchen benagen die Schale von allen Seiten, bis sie aufbricht (A). Ältere, erfahrene Eichhörnchen knabbern nur die Spitze ab, weil da die Schale am dünnsten ist (B), oder sprengen sie hier mit der Hebelkraft ihrer Zähne (C). Oft nagen Eichhörnchen eine Rille rund um die Nuß und knacken sie dann (D). Kreisrunde Löcher mit den Spuren feiner Zähnchen am Rand stammen von Wald-, Rötel- oder Haselmäusen (E). Der Specht meißelt Nüsse auf, die er zuvor in Baumritzen steckt (F).

Schnabelspuren an Fichtenzapfen 92

Ganze Berge von Fichten- und Kiefernzapfen, die meist nur an der Spitze zerhackt sind (A), häufen sich um eine »Spechtschmiede«. Das ist eine Spalte in einem Baumstamm oder Baumstumpf, in die der Buntspecht frisch vom Baum gerissene Zapfen wie in einer Schraubzwinge festkeilt, um aus ihnen mit seinem Schnabel die ölhaltigen Samen herauszumeißeln. – Fichtenzapfen, deren Schuppen gespalten und zerfasert sind (B), hat der Fichtenkreuzschnabel bearbeitet. Er sitzt kopfüber am Zapfen, greift mit seinem krummen und gekreuzten Schnabel unter die Schuppen und zerspleißt sie.

93 Benagte Fichtenzapfen

Durch das Geäst der Bäume kommen Schuppen von Fichtenzapfen herabgerieselt. Blickt man empor, entdeckt man irgendwo ein Eichhörnchen, das mit seinem kräftigen Gebiß gerade einen Fichtenzapfen bearbeitet. Der Reihe nach reißt es die Schuppen ab, um an die darunterliegenden Samen zu gelangen. Schließlich läßt es auch die Zapfenspindel mit den an ihrer Spitze noch verbliebenen Schuppen fallen (A). – Eine säuberlich abgenagte Zapfenspindel dagegen hinterlassen Wald- und Rötelmäuse (B). Sie klettern bis in die äußerste Spitze hoher Fichten, wo die Zapfen hängen.

Erkennungszeichen in der Rinde 94

Nicht nur bei Futtermangel benagen die Tiere des Waldes die Rinde der Bäume und hinterlassen Schälspuren an Stämmen und Ästen. Der Rothirsch reißt besonders von Fichte, Esche und Buche lange Rindenstreifen ab (A), während der Damhirsch die Rinde mehr abknabbert (B). Auch der Hase reißt Fetzen von zarter, grüner Rinde ab (C). Das Wildkaninchen hingegen benagt sie bis ins junge Holz; die Spuren seiner oberen Schneidezähne sind deutlicher als die der unteren (D). Das Eichhörnchen schält die Rinde spiralförmig (E), der Siebenschläfer hinterläßt kleine Kerben (F)

95 Nahrungsreste der Eulen

Unvermittelt steht man am Rande des Waldes oder in einem Park vor einem »Eulenbaum«; darunterliegende kleine Ballen, das Gewölle einer Eule, kennzeichnen ihn. Man kann möglicherweise in dem Baum einen Waldkauz oder eine Waldohreule entdecken. Nach der nächtlichen Jagd sucht die Eule meist denselben Baum auf und verschläft in ihm, dicht am Stamm hockend, den Tag. Das Gewölle besteht aus den unverdauten Nahrungsresten, die Eulen – wie auch Greifvögel – ausspeien. Öffnet man die Ballen, entdeckt man in ihnen Knochen von Mäusen und Vögeln, Federn, Haare, Fellreste.

Leuchtende Augen 96

Wie kommt es, daß die Augen von Katzen, Hunden, Rehen und anderen Nachttieren leuchten, wenn sie im Dunkeln angestrahlt werden? Das Licht einer Lampe wird von einer reflektierenden Schicht im Auge zurückgeworfen. Die Schicht besteht aus unzähligen, mikroskopisch kleinen »Guanin«-Kristallen, die übrigens auch in Fischschuppen den Spiegelglanz verursachen. Da die Kristalle hinter der Netzhaut liegen, bewirken sie durch ihre Spiegelung eine doppelt helle Bildwahrnehmung auf den Sehzellen. Das ist auch der Grund, warum diese Tiere nachts so gut sehen können.

97 Abgeschliffene Bäume

Wir bewundern die bizarren Windformen freistehender Bäume, besonders in Meeresnähe und im Gebirge. Es sind verkrüppelte Bäume: Jahr für Jahr hat der Wind durch mitgeführte Sandkörnchen und Eiskristalle die jungen Triebe auf ihrer Windseite abgeschliffen oder die weichen Knospen erst gar nicht austreiben lassen. Im Marschgebiet, wo die einzeln liegenden Bauernhöfe durch Bäume und Gebüsch gegen den Sturm geschützt sind, kann man die Himmelsrichtungen an den Silhouetten der Baumgruppen weithin erkennen: Von Nordwesten her sind sie vom Sturm schräg abrasiert.

Leuchtende Zeichen am Strand 98

Ein nächtliches Meeresleuchten kann man im Sommer, besonders nach einem Regen erleben: Mal ist es nur ein Funkeln, mal glänzt das Meer in weißem Licht. Es wird von Milliarden kleiner und kleinster Lebewesen erzeugt, wie den stecknadelkopfgroßen Leuchttierchen (A), die man mit einem Glas fangen kann. Ein Stoff, den sie enthalten, leuchtet auf, sobald ihm vermehrt Sauerstoff zugeführt wird. Besonders hell erstrahlen daher Wellenkämme und die auslaufende Brandung, Fußspuren hinter einem Spaziergänger am Spülsaum und die Zeichen, die man mit dem Finger in den nassen Sand schreibt.

99 Fischfang bei Ebbe

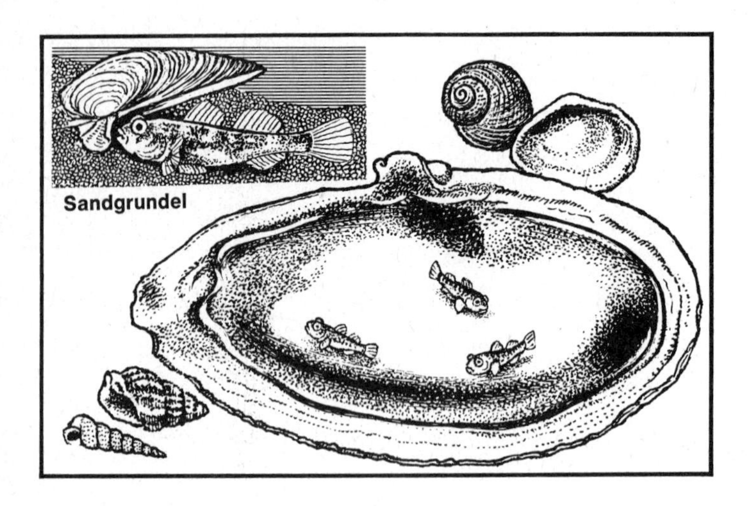

In den seichten Wasserlachen des Watts flitzen winzige Fische ruckartig hin und her. Ihr Bulldoggenkopf verrät: Es sind junge Sandgrundeln, unlängst aus den Eiern geschlüpft, die ihre Mutter unter Muschelschalen abgelegt hatte. In einer größeren Muschelschale lassen sich die Fische leicht fangen und beobachten. Dabei kann man feststellen, daß sie sich mit ihren Bauchflossen, die zu einer Saugscheibe verwachsen sind, am Grund festhalten können. Eine sinnvolle Einrichtung für die Grundeln, die in Ufernähe besonders stark der Brandung und der Tidenströmung ausgesetzt sind.

Seeigel vom Meeresgrund 100

Mit einem Netz lassen sich Seeigel fischen, die an Felsen und Buhnen sitzen. Im Wassergefäß sieht man sie mit den beweglichen Stacheln über den Grund stelzen und mit den Saugfüßchen klettern. Das Skelett eines vertrockneten Seeigels, von dem die Stacheln abgefallen sind, ist eine verhornte Kalkschale. Sie hat 5 Doppelreihen von Löchern, durch die die Füßchen führten. Trennt man die Schale um den Mund herum auf, läßt sich der Kauapparat, die sogenannte »Laterne des Aristoteles« herausnehmen (A). Mit den 5 meißelartigen Zähnen schabt das Tier Algen vom Gestein ab.

101 Geteilte Seesterne

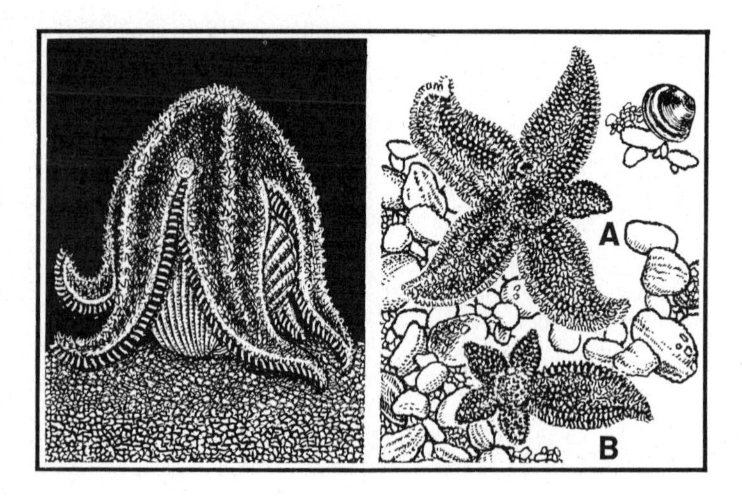

Mit seinen Saugfüßchen – eine Doppelreihe unter jedem Arm – kriecht der Seestern durch das Aquarium. Im Meer umklammert er mit ihrer Hilfe Muscheln und zwingt sie, sich zu öffnen; dann stülpt er seinen Magen über ihr Fleisch. Unter den Seesternen fallen einzelne Tiere mit verschieden langen Armen auf. Das liegt an ihrer Fähigkeit, verlorengegangene Körperteile zu ersetzen (Regeneration). Ist einem Seestern ein Arm abgerissen worden, wächst ihm ein neuer nach (A). Der verlorene Arm wiederum kann 4 neue Arme bilden; solange diese noch klein sind, hat er eine »Kometenform« (B).

Angespülte »Seestachelbeeren« 102

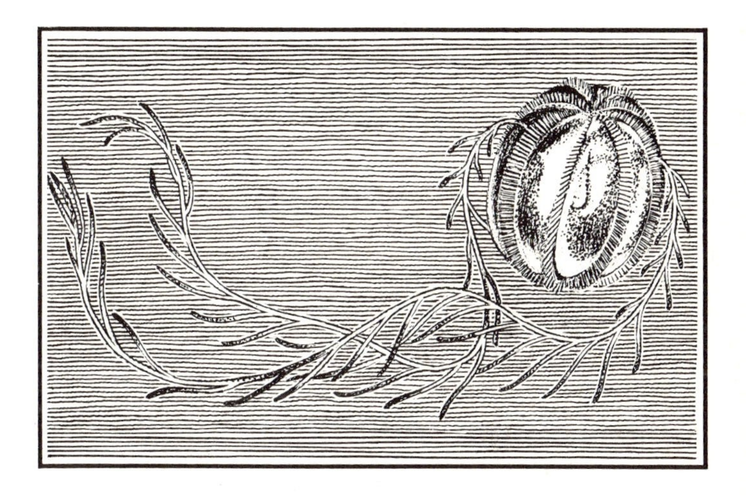

Am Ufer des Meeres findet man mitunter große Mengen durchsichtiger, kugeliger Gebilde, die Stachelbeeren ähnlich sehen; es sind Rippenquallen. Man kann die etwa 2 cm großen Tiere in die Hand nehmen, da sie nicht nesseln wie viele andere Quallenarten. Im Aquarium kann man erkennen, auf welche Weise sich die Qualle fortbewegt: durch rhythmisches Schlagen zahlreicher, in Reihen angeordneter Wimpernhärchen. Leider sieht man hier nicht die beiden langen Fangfäden, denn sie hat sie eingezogen. Im Meer erbeutet sie mit ihnen kleines Getier, das an ihnen kleben bleibt.

103 Gänge im Meeresboden

Bei Ebbe fallen im Watt zahlreiche, geschlängelte Sandwürstchen auf. Jeweils etwa 10 cm daneben entdeckt man eine kleine, trichterförmige Vertiefung. Der Austernfischer mit seinem langen, roten Schnabel weiß genau, daß er an diesen Stellen seine Lieblingsmahlzeit im Boden findet, den Sandpier, einen grünbraunen Ringelwurm. Gräbt man einen Spatenstich tief, sieht man eine U-förmige Röhre, in der der 20 bis 30 cm lange, borstige Wurm steckt. Der Sandpier ernährt sich von pflanzlichen und tierischen Stoffen, die er im Schlick findet, oder die ihm das Meer in seine Röhre spült.

Krebse auf Wohnungssuche 104

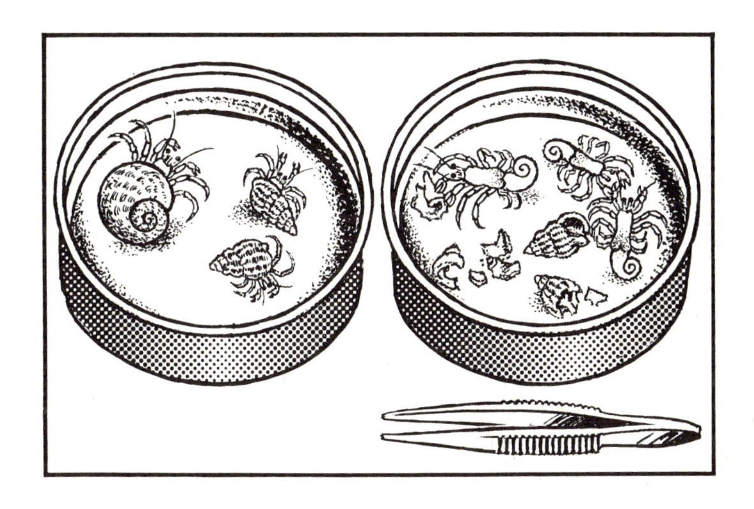

Selbst die allerkleinsten Schneckenhäuser scheinen an manchen Stränden von Einsiedlerkrebsen bewohnt zu sein. In einem Schraubglas-Deckel mit Meerwasser beobachtet man, wie die winzigen Krebse ihren ungepanzerten Hinterleib vor Feinden zu verbergen suchen: Bricht man die Häuser mit einer Pinzette vorsichtig auf, beginnen sie sogleich, emsig die Schalenteile um und um zu drehen, schrauben sich rückwärts in ein Bruchstück hinein und krallen sich mit den hinteren vier Beinen darin fest. Die Tiere kämpfen miteinander um ein Haus – genauso, wie sie es draußen im Meer tun.

105 Funde mit Geschichte

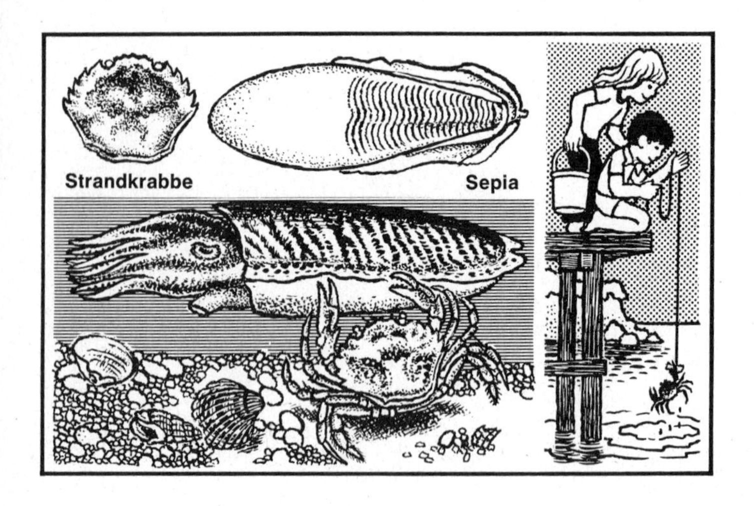

Ein Krabbenpanzer und ein Sepiaschulp, die angespülten Überreste zweier Meerestiere, verbindet die Geschichte vom Fressen und Gefressenwerden: Der Tintenfisch ernährt sich großenteils von Krabben und läßt nur ihre Panzer zurück. Wenn er selbst nach dem Laichen kraftlos am Grund liegt, fallen die Krabben über ihn her; von ihm bleibt nur die weiße Rückenschale, der Sepiaschulp, übrig. – Krabben wittern Fleisch: Bindet man etwas Muschelfleisch oder Wurst an eine Schnur und senkt sie an einer steinigen Stelle ins Wasser, angelt man sicher bald eine Krabbe heraus.

Bohrloch eines Räubers 106

Unter den gesammelten Muschelschalen bemerkt man einzelne, die nahe an ihrem Schloß ein etwa 4 mm großes, kreisrundes Loch haben (A). Diese Schalen gehören als Besonderheit mit in die Sammlung. Vielleicht findet man auch ein Gehäuse der Nabelschnecke, erkennbar an seiner nabelartigen Vertiefung (B). Diese Schnecke ist es nämlich, die die kleinen Muscheln im Meer überfällt. Sie sondert aus einer Drüse Schwefelsäure ab, die Kalk auflöst, und raspelt mit deren Hilfe die Muschelschale durch. Dann steckt sie ihren rüsselartigen Mund durch das Loch und verspeist das Fleisch.

107 Eine Strandsammlung

Wenn man die zahlreichen Muschel- und Schnekkenschalen sowie die anderen Fundstücke, die man vom Strand mitgebracht hat, in Ruhe betrachtet und vergleicht, erschließt sich einem die Welt des Meeres. Um einen Überblick zu gewinnen, sortiert man die Schalen nach den einzelnen Arten, von denen es wiederum unterschiedliche Größen und Farben gibt, und baut die Sammlung anschaulich geordnet auf. Aus 3 cm breiten Holzleisten nagelt man einen großen oder mehrere kleinere (ca. 20 × 35 cm große) Rahmen. Ein Stück Hartfaserplatte bildet die Rückwand, und das ganze wird mit weißer Farbe angestrichen. Im ersten Kästchen werden Schnekkenhäuser, im zweiten Muschelschalen und im dritten andere Fundstücke eingeordnet. Dazu gehören ein Seestern, den man unten aufgeschnitten, ausgekratzt und in der Sonne getrocknet hat, ein Seeigel, Haifisch- und Rocheneier. Eine Garnele, ein Einsiedlerkrebs und eine Strandkrabbe, die man vollständig erhalten, von der Sonne gänzlich ausgedörrt finden kann, werden durch Alleskleber vor dem Auseinanderfallen bewahrt. In die Sammlung können auch getrockneter Tang, Eierschalenreste von Strandvögeln und manches andere aufgenommen werden. Jedes Stück wird mit weißem Kaltleim auf die Platte geklebt und beschriftet.

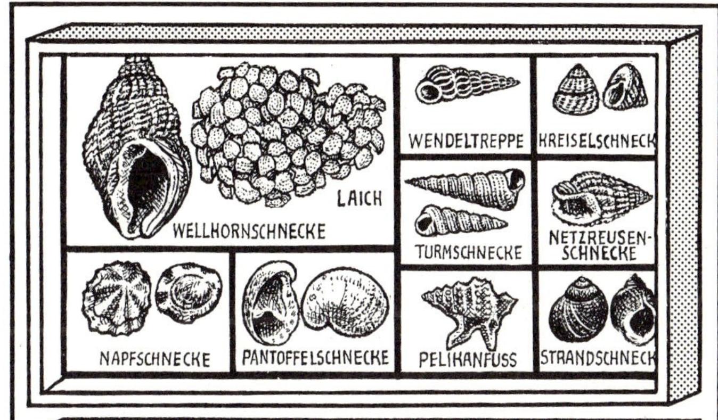
WENDELTREPPE
KREISELSCHNECK
LAICH
WELLHORNSCHNECKE
TURMSCHNECKE
NETZREUSEN-
SCHNECKE
NAPFSCHNECKE
PANTOFFELSCHNECKE
PELIKANFUSS
STRANDSCHNECK

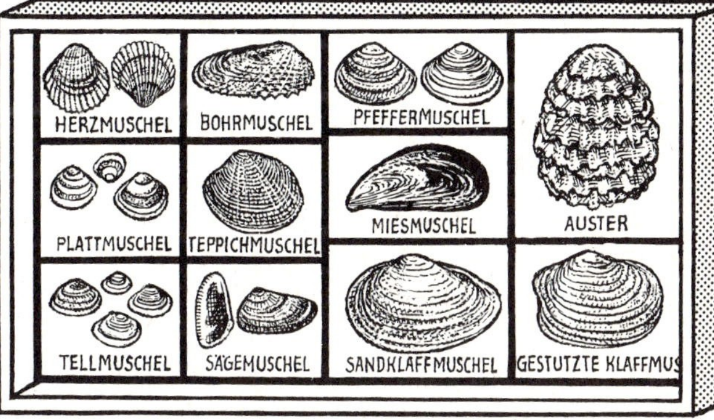
HERZMUSCHEL
BOHRMUSCHEL
PFEFFERMUSCHEL
AUSTER
PLATTMUSCHEL
TEPPICHMUSCHEL
MIESMUSCHEL
TELLMUSCHEL
SÄGEMUSCHEL
SANDKLAFFMUSCHEL
GESTUTZTE KLAFFMUS

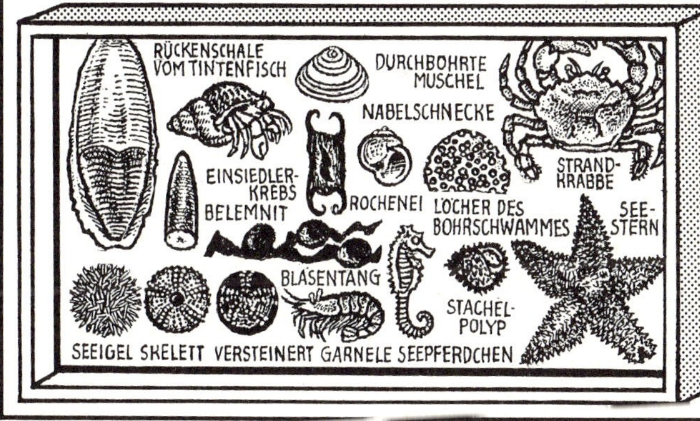
RÜCKENSCHALE
VOM TINTENFISCH
DURCHBOHRTE
MUSCHEL
NABELSCHNECKE
STRAND-
KRABBE
EINSIEDLER-
KREBS
BELEMNIT
ROCHENEI
LÖCHER DES
BOHRSCHWAMMES
SEE-
STERN
BLASENTANG
STACHEL-
POLYP
SEEIGEL
SKELETT
VERSTEINERT
GARNELE
SEEPFERDCHEN

108 Bohrlöcher eines Schwammes

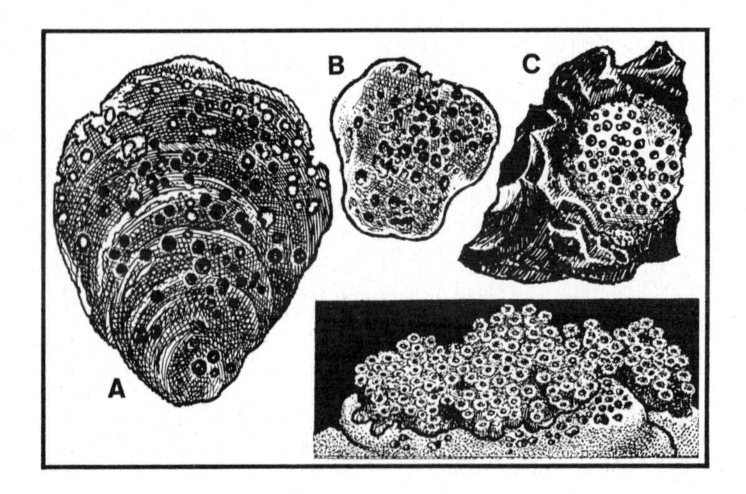

Manche Muschelschalen, besonders die der Austern (A), sind siebartig durchbohrt. Auch Kieselsteine aus Kalkstein (B) und Kalkeinschlüsse in Feuerstein (C) sind von vielen 2 bis 3 mm großen Löchern durchsetzt. Sie stammen vom Bohrschwamm, einem Tier, das als glitschige Masse über Steine und Muschelschalen »wächst«, mit chemischen Absonderungen den Kalk durchbohrt und ihn mit feinen Kanälen durchzieht. Übrigens enthalten Bohrschwämme winzige Skelett-Teile aus Kieselsäure. Im Kreidemeer, vor 120 Millionen Jahren, lagerten sich diese ab und erhärteten zu Feuerstein.

Mechanisch durchbohrte Steine 109

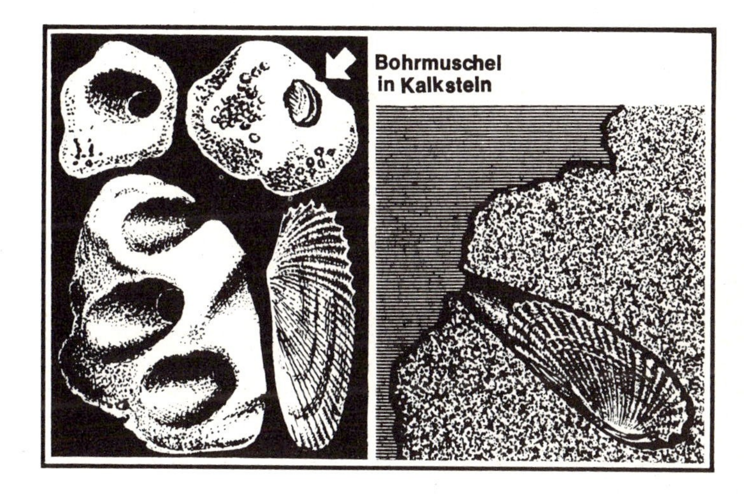

Am Strand findet man manchmal Kieselsteine aus Kalkstein oder Schiefer, die fingerdicke, kreisrunde Löcher haben. Wer hat die Steine bearbeitet? Es sind die Bohrmuscheln, deren dünne, Engelsflügeln ähnlich sehende Schalen man häufig am Strand findet. Mit ihrem feilenartig scharfen Rand bohren sie tiefe Wohnröhren in das Gestein. Da die Muscheln wachsen, erweitern sich ihre Röhren in Bohrrichtung. Sie können sie daher nie mehr verlassen. Nur wenn sie sich in bröckliges Gestein, Ton oder Holz am Meeresgrund eingebohrt haben, werden sie vom Wasser freigespült.

110 Findlinge aus dem Meer

Manche Meeresstrände sind von faust- bis kürbisgroßen Steinen übersät, die die Brandung aus dem Meer geworfen hat. Man entdeckt an ihnen – vielleicht schon von der Sonne verdorrt – große Büschel von Blasentang. Ein Stein unter Wasser ist um knapp ein Drittel seines Gewichtes leichter, und von den luftgefüllten Blasen des Tangs bekommt er zusätzlich Auftrieb. Bei einem Sturm bietet der Tang den Wellen so viel Angriffsfläche, daß sie die Steine bewegen. Der Tang ist eine Braunalge, vermehrt sich durch Sporen und sitzt mit einer Haftscheibe fest auf dem Stein.

Geschliffene Steine 111

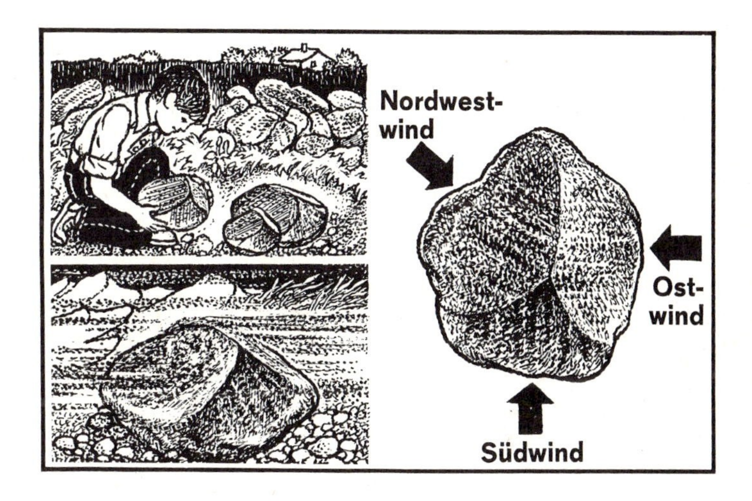

In Norddeutschland findet man Feldsteine, die mehrere schräge, glatte Flächen und scharfe Kanten haben. Man nennt sie »Windkanter«, weil sie der Wind, der meist aus denselben Richtungen weht, durch mitgeführten Sand abgeschliffen hat. Das kann schon vor 15000 Jahren geschehen sein, nachdem die letzten Eiszeitgletscher geschmolzen waren und mächtige Sandstürme über die pflanzenlosen Gebiete fegten. Aber auch heute werden den Stürmen ausgesetzte Steine – vor allem im Küstengebiet – ständig abgeschliffen. An ihnen kann man deutlich die Hauptwindrichtungen erkennen.

Ravensburger Taschenbücher

Mein Hobby

Von **Hans Jürgen Press** erschien bereits im Ravensburger Taschenbuch, in der Reihe »Mein Hobby«:

Band 26

100 interessante Experimente aus Natur und Technik – spielend auszuführen.

Mit knappen Texten und klaren Zeichnungen gibt dieser Band Anleitung zu 100 Experimenten, die jeder mit einfachen Gegenständen aus dem Haushalt durchführen kann.
Was wie Zauberei wirkt, findet Erklärung in Physik, Chemie und Technik und regt zu eigenem naturwissenschaftlichen Denken an.